供电所数智作业实战手册

《供电所数智作业实战手册》编委会 编

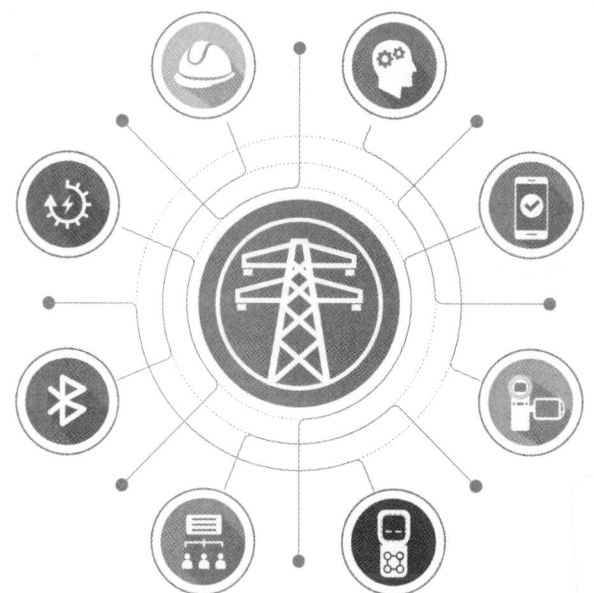

中国电力出版社
CHINA ELECTRIC POWER PRESS

内 容 提 要

本书以供电所“数字化、智能化、标准化”作业为主线，通过重塑作业模式、变革业务流程、打造数智场景，全面诠释了供电所数智作业的内涵及要义，给出了数智作业的典型场景，并编制了数智作业规范。

本书共分五章，分别为供电所数字化能力体系、供电所数智作业典型场景、供电所管理人员数智作业规范、供电所内勤人员数智作业规范和供电所外勤人员数智作业规范。附录还提供了供电所数智作业推荐配置标准和供电所指标体系参考明细。

本书可供供电所管理人员、电力营销相关工作人员及相关人员学习、参考。

图书在版编目（CIP）数据

供电所数智作业实战手册/《供电所数智作业实战手册》编委会编．—北京：中国电力出版社，2023.6

ISBN 978－7－5198－7868－9

Ⅰ.①供…　Ⅱ.①供…　Ⅲ.①数字技术－应用－供电局－作业－手册　Ⅳ.①TM7-62

中国国家版本馆CIP数据核字（2023）第090865号

出版发行：中国电力出版社
地　　址：北京市东城区北京站西街19号（邮政编码100005）
网　　址：http://www.cepp.sgcc.com.cn
责任编辑：杨　扬（010-63412524）
责任校对：黄　蓓　朱丽芳
装帧设计：赵丽媛
责任印制：杨晓东

印　　刷：北京雁林吉兆印刷有限公司
版　　次：2023年6月第一版
印　　次：2023年6月北京第一次印刷
开　　本：710毫米×1000毫米　16开本
印　　张：10.5
字　　数：179千字
定　　价：59.00元

《供电所数智作业实战手册》

编　委　会

编　写　组

主　　编　杨永刚

编写人员　程　勇　郭彦军　屈一凡　任　伟　崔超奕

　　　　　屈林静　吕　勇　聂　颖　胡银强　李　哲

　　　　　李毅靖　张世军　谢国荣　宫　旭

前　言

随着国家电网有限公司营销 2.0、采集 2.0、负荷管理、网上国网等系统建成应用，以及 RPA 技术、数字化供电所推广，营销作业模式向智能化、数字化推进，客户服务模式向线上化、多元化演变。这一系列转变、转型，给电网企业市场营销工作带来了广泛、深刻的影响，要求营销战线必须始终坚持以人民为中心，以建设卓越服务体系为主线，主动拥抱数字化发展机遇，以数字技术赋能组织体系、队伍能力、管理方式和作业模式转型升级。

供电所作为供电服务的一线窗口和国家电网公司经营管理的末端，是打通供电服务“最后一公里”的关键，更是服务人民群众对美好生活用电需求的最前端。国网陕西省电力有限公司以供电所为实体率先开展数字化转型，立足“小切口、大场景”打造数字化供电所，聚焦人员服务能力和作业效率提升，全要素发力业务流程再造和管理体系变革，推动供电所作业模式由传统向智能转变、服务模式由被动向主动转变，让人民群众用电更便捷、更高效、更舒心。

本书统一了供电所数智作业模式和业务标准，以“数字赋能、基层减负、提质增效”为目标，以“数字化、智能化、标准化”为主线，以“作业安全”为底线，以供电所“管理人员、内勤人员、外勤人员”为赋能对象，以“一平台、一终端”为关键突破口，通过重塑作业模式变革业务流程、打造数智场景，全面诠释了供电所数智作业的内涵及要义，从而保证本书管用、实用、好用。

本书由国网陕西省电力有限公司业务专家和技术专家编写，并经过各供电公司及供电所的试用及意见反馈，进行了多次修改、完善。本书在编写过程中得到了国网信通亿力科技有限责任公司等友商的大力支持，在此表示诚挚的感谢！

由于标准规范迭代频繁，以及编写时间所限，本书若有疏漏不当之处，期望各位专家、同行不吝赐教，及时给予宝贵意见，以便及时修订完善。

目　录

供电所数智作业名词术语和相关标准

名词术语

数智作业 Digital Intelligence Operation

将外网移动作业一终端与数字化供电所业务一平台相融合，实现供电所信息系统一号登录、工单一键派发、业务一机办理、质效统一评价的新型作业模式。

数智装备 Intelligent Equipment

由背夹、智能安全帽、蓝牙打印机等若干智能电子设备集合组成，辅助业务人员高效开展数据采集、设备调试、资产管理、安全监控、资料现场打印等数智作业的一类装备。

人工智能 Artificial Intelligence（AI）

表现出与人类智能（如推理和学习）相关的各种功能的功能单元的能力。

[Q/GDW 12098—2021 定义 3.5.23]

射频识别 Radio Frequency Identification（RFID）

在频谱的射频部分，利用电磁耦合或感应耦合，通过各种调制和编码方案，与电子标签交互通信唯一读取电子标签身份的技术。

[GB/T 29261.3—2012 定义 05.01.01]

光学字符识别 Optical Character Recognition（OCR）

通过扫描、拍照等光学输入方式，将各种证件、合同、设备铭牌等文字信息转化为图像，再利用文字识别技术将图像信息转化为计算机输入的文本信息。

地理信息系统 Geographic Information System（GIS）

一种特定的空间信息系统，在计算机硬、软件系统支持下，对整个或部分地球表层空间中的有关地理分布数据进行采集、储存、管理、运算、分析、显示和描述的技术系统。

[Q/GDW 10702—2016 定义 3.1]

统一权限管理平台 iSecure Center（ISC）

属于国家电网公司一体化信息平台的重要组成部分，实现各业务应用的用户、组织、角色、权限信息统一集中管理的信息技术平台。

[Q/GDW 11417—2019 定义 3.1]

营销业务应用系统 Marketing Business Applications System

涵盖营销全量业务及营销数字化管理的应用系统，是国家电网公司营业收入主平台、对外服务总窗口，全面支撑营销服务数字化、业务数字化和管理数字化。

生产管理系统 Production Management System（PMS）

以设备管理为核心，建立全面的设备检修维护体系和相关业务管理流程，实现设备资产全生命周期管理，支撑运维检修的全过程管理。

背夹 Back Clip

一种内嵌安全单元的手持式智能设备，辅助手机与智能电能表进行信息安全交互。

台区智能融合终端 Smart Distribution Transformer Terminal

采用硬件平台化、功能软件化、结构模块化、软硬件解耦设计，满足高性能并发、大容量存储、多对象采集需求，集台区设备状态监测、电能表数据采集、边缘计算等功能于一体的智能化终端设备，以独立部署 App 的形式，支撑营销、配电及新兴业务发展需求。

高速载波通信单元 High Speed Carier Communication Unit

采用高速载波技术在电力线上进行数据传输的通信模块或通信设备。

[Q/GDW 12181.1—2021 定义 3.1]

集中抄表终端 Centralized Meter Reading Terminal

对低压用户用电信息进行采集的设备，包括集中器、采集器。集中器是指收集各采集器或电能表的数据，并进行处理储存，同时能和主站或手持设备进行数据交换的设备；采集器是用于采集多个或单个电能表的电能信息，并可与集中器交换数据的设备。采集器可分为基本型采集器和简易型采集器。基本型采集器抄收和暂存电能表数据，并根据集中器的命令将储存的数据上传给集中器。简易型采集器直接转发集中器与电能表间的命令和数据。

[Q/GDW 10373—2019 定义 3.4]

专变采集终端 Data Acquire Terminal of Special Transformer

对专用变压器用户用电信息进行采集的设备。可以实现电能表数据的采集、电能计量设备工况和供电电能质量监测，以及客户用电负荷和电能量的监控，并对采集数据进行管理和双向传输。

[Q/GDW 10373—2019 定义 3.3]

相关标准

➤ GB/T 29261.3—2012《信息技术 自动识别和数据采集技术 词汇 第3部分：射频识别》

➤ Q/GDW 10370—2016《配电网技术导则》

➤ Q/GDW 10373—2019《用电信息采集系统功能规范》

➤ Q/GDW 10702—2016《电网地理信息服务平台（GIS）电网图元规范》

➤ Q/GDW 11417—2019《统一权限平台接口规范》

➤ Q/GDW 12098—2021《电力物联网术语》

➤ Q/GDW 12181.1—2021《智能物联电能表扩展模组技术规范 第1部分：高速载波通信单元》

➤《国家电网公司关于实施台区线损精益化管理的意见》（国家电网营销〔2018〕98号）

➤《国家电网有限公司营销现场作业安全工作规程（试行）》（国家电网营销〔2020〕480号）

➤《国家电网有限公司关于印发公司数字化转型发展战略纲要的通知》（国家电网互联〔2021〕258号）

➤《国网营销部关于印发〈营销稽查监控标准化作业指导书〉的通知》（营销客户〔2019〕48号）

➤《国网营销部关于印发营销专业标准化作业指导书的通知》（营销综〔2020〕67号）

➤《国网营销部关于印发数字化供电所试点建设工作方案的通知》（营销综〔2022〕58号）

➤《国网营销部关于印发数字化供电所建设指南的通知》（营销综〔2022〕66号）

第 1 章　供电所数字化能力体系

1.1　能力体系架构

数字化供电所建设遵循国家电网有限公司营销 2.0 技术架构体系，接入新型数智装备，构建数字化基础底座，支撑供电所业务应用，以标准规范为指引，以运营保障提质效，实现供电所业务自动化、作业移动化、服务互动化、资产可视化、管理智能化、装备数字化落地。数字化供电所能力体系架构如图 1-1 所示。

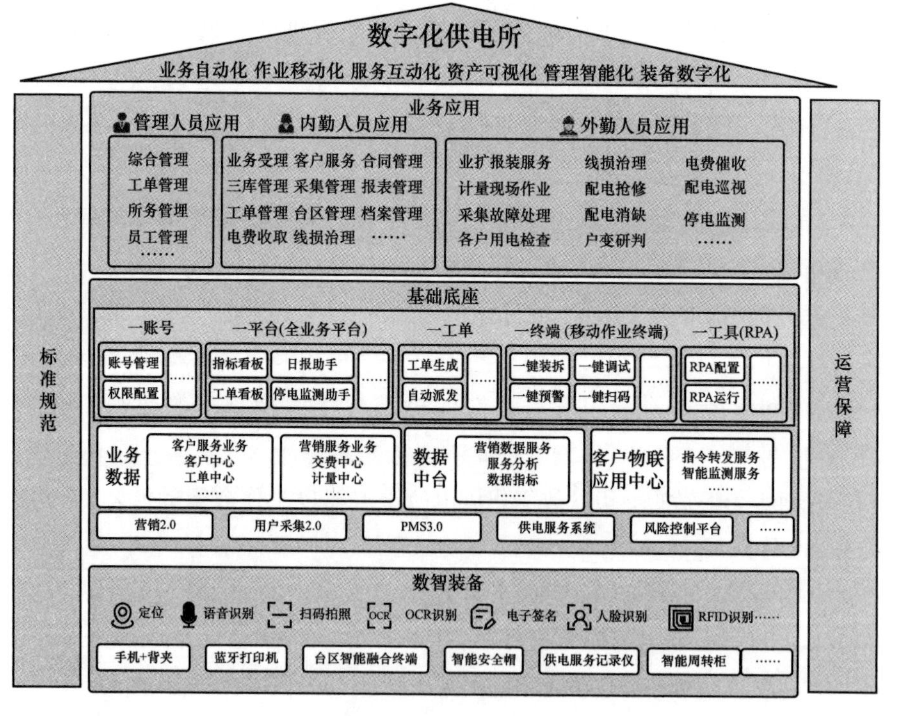

图 1-1　能力体系架构

1.1.1　数智装备层

数智装备层通过配备“手机+背夹”、蓝牙打印机、台区智能融合终端等新型数智装备，依托数字化供电所基础底座，实现电能表抄读、电子签名、现场打印、语音识别、扫码拍照、OCR 识别等功能。

1.1.2　基础底座层

基础底座层基于业务中台、数据中台、客户物联应用中心，集成贯通营销 2.0、用采 2.0、PMS3.0 等供电所常用专业系统，全面覆盖营销、生产、安监等专业领域，提供“一账号、一平台（全业务平台）、一工单、一终端（移动作业终端）、一工具（RPA）”应用支撑能力。

1.1.3　业务应用层

业务应用层依托数智装备、基础底座、标准规范、运营保障，精简业务流程，简化操作界面，预警异常问题，支撑精益管理，为供电所员工提供综合管理、所务管理、业务受理、业扩报装服务、用电检查等数智作业应用。

1.2　数智装备能力

数智装备包括背夹、蓝牙打印机、台区智能融合终端、智能安全帽、供电服务记录仪、智能周转柜、数字库房等。应用背夹和蓝牙打印机，可实现与计量装置的数据交互，文件现场打印，减轻基层工作负担，提升客户诉求响应速度；应用台区智能融合终端和 HPLC 通信单元，可实现智能电能表数据采集、设备状态自动感知，辅助故障精准研判；应用智能安全帽和供电服务记录仪，可辅助增强作业安全规范，保障现场服务质量；应用智能周转柜和数字库房，可提升物资周转效率，促进资产管理规范。

1.2.1　背夹

背夹通过蓝牙与手机连接，实现现场补抄、现场停复电、参数设置及校验、密钥下装、电价调整、时钟设置等功能。背夹外观如图 1-2 所示。

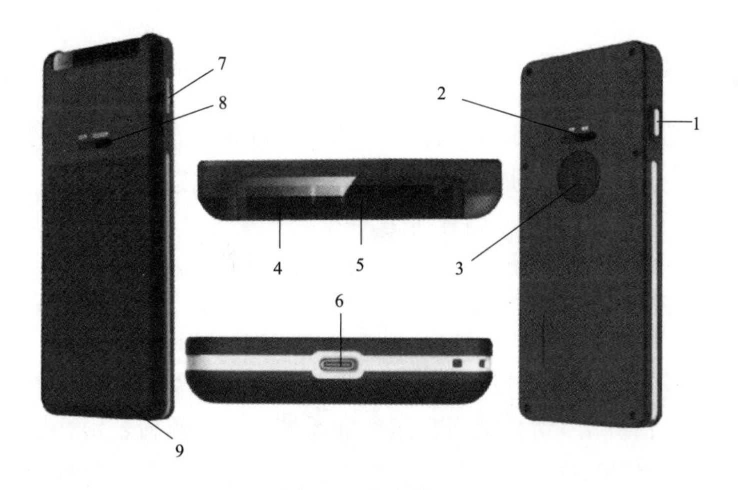

图 1-2　背夹外观

1—电源按键；2—状态指示灯；3—磁铁；4—二维码扫描和红外；
5—激光红外；6—Type-C 接口；7—SIM 卡或 TF 卡槽；8—功能指示灯；9—蜂鸣器

1.2.2　蓝牙打印机

蓝牙打印机通过蓝牙功能与手机连接，实现供用电合同、竣工检验意见单、现场作业工作卡、工作票、送电单等资料的现场打印。蓝牙打印机外观如图 1-3 所示。

图 1-3　蓝牙打印机外观

1.2.3　台区智能融合终端

台区智能融合终端远程接入营销、配电主站及物联管理平台，本地接入电能表、智能量测开关等设备，实现数据采集、数据记录、数据统计、数据处理等功能，以独立部署 App 的形式，实现配电、营销以及新兴业务扩展。台区智能融合终端外观如图 1-4 所示。

1.2.4　智能安全帽

智能安全帽远程接入营销、配网、安监等专业系统，实现作业现场数据一次采集、多方提取、资料数据在线上传等功能。智能安全帽外观如图 1-5 所示。

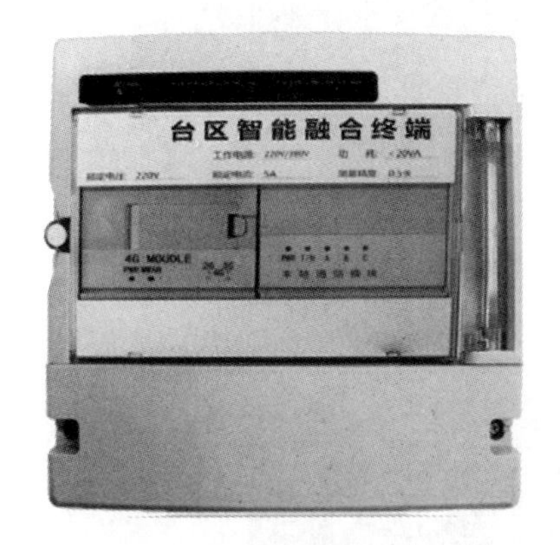

图 1-4　台区智能融合终端外观

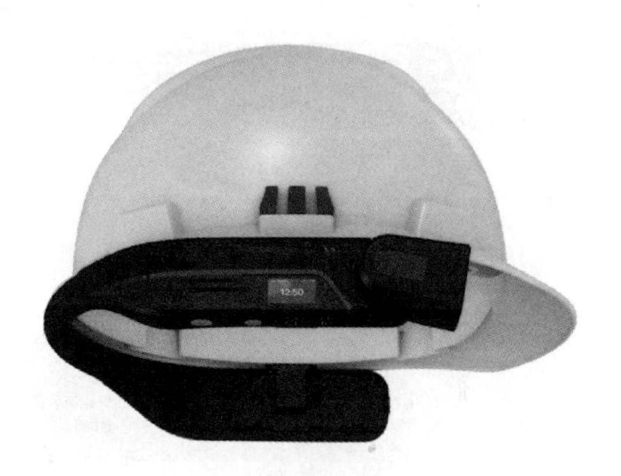

图 1-5　智能安全帽外观

1.2.5　供电服务记录仪

供电服务记录仪实现语音对讲、视频通话、摄录、录音、拍照、北斗精准定位、SOS 一键报警等功能，支撑用电检查、业扩现场勘查等业务应用。供电服务记录仪外观如图 1-6 所示。

1.2.6　智能周转柜

智能周转柜通过与营销系统集成，实现计量装置储位管理、智能引导、出入库管理、库存状态监控等功能。智能周转柜外观如图 1-7 所示。

1.2.7　数字库房

数字库房通过与数字库房系统连接，实现物资（备品备件、安全工器具、生产工器具）无感领用、进出库自动记录、库存分析、智能盘点等功能。数字库房外观如图 1-8 所示。

图 1-6　供电服务记录仪外观

图 1-7　智能周转柜外观

图 1-8　数字库房外观

1.3　基础底座能力

基础底座能力包括平台应用能力、移动应用能力及 RPA 应用能力。平台应用能力提供专业系统一号登录、全量工单聚合处理、业务数据融合挖掘、内部管理全景覆盖等业务支撑。移动应用能力提供现场装拆、现场工单处理、数据采录等现场移动作业支撑。RPA 应用能力实现自动化技术替代人工操作，辅助完成日常监控、通知等重复性工作。

1.3.1　平台应用能力

数字化供电所全业务平台集成营销、生产、安监等各专业系统数据，以工单驱动业务为主线，汇聚处理各专业系统业务工单和供电所内自主工单，提供多维度管理看板、多场景业务助手、多群体客户画像等功能应用，解决多系统多次登录、重复工作多、业务线下流转、指标管理难、服务不精准等问题，全面支撑供电所设备主人制落地和业务高效开展。

专业系统一号登录，通过集成统一权限管理平台（ISC），供电所人员使用唯一系统账号“一次”登录平台，跳转各专业系统，使用拥有权限的所有功能。

1. 全量工单聚合处理

通过汇集计划类、预警督办类、服务类等各专业系统业务工单和所内自主工单，形成供电所全业务工单中心。提供对工单的融合、派发、预警和处理，直接跳转各专业系统进行办理，对工单的处理结果统一开展绩效评价。

2. 业务数据融合挖掘

通过汇聚各专业系统客户档案、电网资源、业务管理等供电所全息数据，实现跨系统数据融合共享和可视化展示。通过综合管理和报表管理等功能，开展跨专业的数据分析应用，充分挖掘数据价值，全面提升供电所运营管理能力。

3. 内部管理全景覆盖

构建所务管理、员工管理、合同管理、档案管理、报表管理等功能，将传统线下管理纳入线上全流程监控，全面支撑供电所内部数字化管理，助力供电所日常工作高效开展，减轻工作负担。

1.3.2　移动应用能力

移动作业应用基于“i 国网”技术架构，应用数字化供电所全业务平台汇聚的各专业系统数据和现场作业工单，打造“一终端”。结合数智作业装备，应用电能表抄读、电子签名、语音识别、扫码拍照、OCR 识别等功能，支撑工单签收、业扩报装、一键换表、现场补抄、现场复电、线损分析、电子合同签订、箱表关系维护等现场作业，实现移动作业“一个终端”、工作任务“一次派单”、现场服务“一次解决”，提升客户满意度和服务效益。

1.3.3　RPA 应用能力

RPA 是一种通过模拟人工操作，辅助替代人工完成重复性、机械性、周期性工作的自动化技术。通过浏览器自动识别、窗体自动识别、机器人模拟操作（键盘和鼠标）及自动化组件等技术能力，辅助支撑复电自动监控及提醒、台区线损异常指标监控、高压用户（暂）减容工单超期预警监测、电费预警短信通知、采集数据漏抄查询补招等业务场景应用，减轻员工负担，提升工作效率。

1.4 业务应用能力

数字化供电所业务应用通过使用新型数智装备，依托基础底座，通过数字技术驱动供电所业务流程再造、作业模式变革和管理机制优化，为供电所管理人员、内勤人员、外勤人员提供数智作业业务应用。

通过为管理人员提供综合管理、工单管理、所务管理等业务应用，打通专业系统间信息“壁垒”和数据“孤岛”，解决日常工作处理零散、监控预警不到位、信息展示不全面等问题，提升管理人员工作管控能力。

通过为内勤人员提供业务受理、档案管理、报表管理等业务应用，应用 OCR 和 RPA 等技术，解决业务受理信息录入工作量大、纸质档案管理不便、报表人工编制效率低等问题，提升内勤人员工作效率。

通过为外勤人员提供业扩报装服务、计量现场作业、采集故障处理等业务应用，利用数智装备“点、选、扫、拍、签”等极简式操作，解决多次往返现场、数据采集不方便、数据更新不同步等问题，提升外勤人员现场作业效率。

第 2 章　供电所数智作业典型场景

2.1　低压业扩报装

2.1.1　流程与主要业务环节

低压业扩报装涵盖低压非居民、低压居民及低压批量业扩报装三类业务，包括工单派发、现场勘查及方案答复、合同签订、装表接电等主要业务环节，具体流程如图 2-1 所示。

（1）工单派发。内勤人员受理业务后，管理人员线上进行派工，外勤人员通过移动作业终端签收工单。

（2）现场勘查及方案答复。到达客户现场开展勘查工作，依据勘查结果线上拟定供电方案提交管理人员审批，审批通过后外勤人员辅助客户在移动作业终端上对方案进行确认。

（3）合同签订。方案确认无误后，外勤人员通过移动作业终端生成供用电合同提交管理人员审批，审批通过后外勤人员辅助客户在移动作业终端上进行电子签名确认，使用蓝牙打印机现场打印合同交客户留存。

（4）装表接电。完成计量箱、表计等相关设备安装后，外勤人员通过“手机＋背夹”抄读电能表示数、扫描箱表二维码、关联采集终端、获取计量箱坐标，完成一键调试与空间拓扑关系维护，数据提交后自动同步至相关专业系统。

2.1.2　目的与作用

实现低压业扩报装全业务线上化、数字化，应用数智装备辅助外勤人员现场快速采集数据及资料打印，通过移动作业终端完成从工单签收到装表接电现场全业务移动处理，解决传统外勤人员多次往返现场、流程推进不及时等问题。

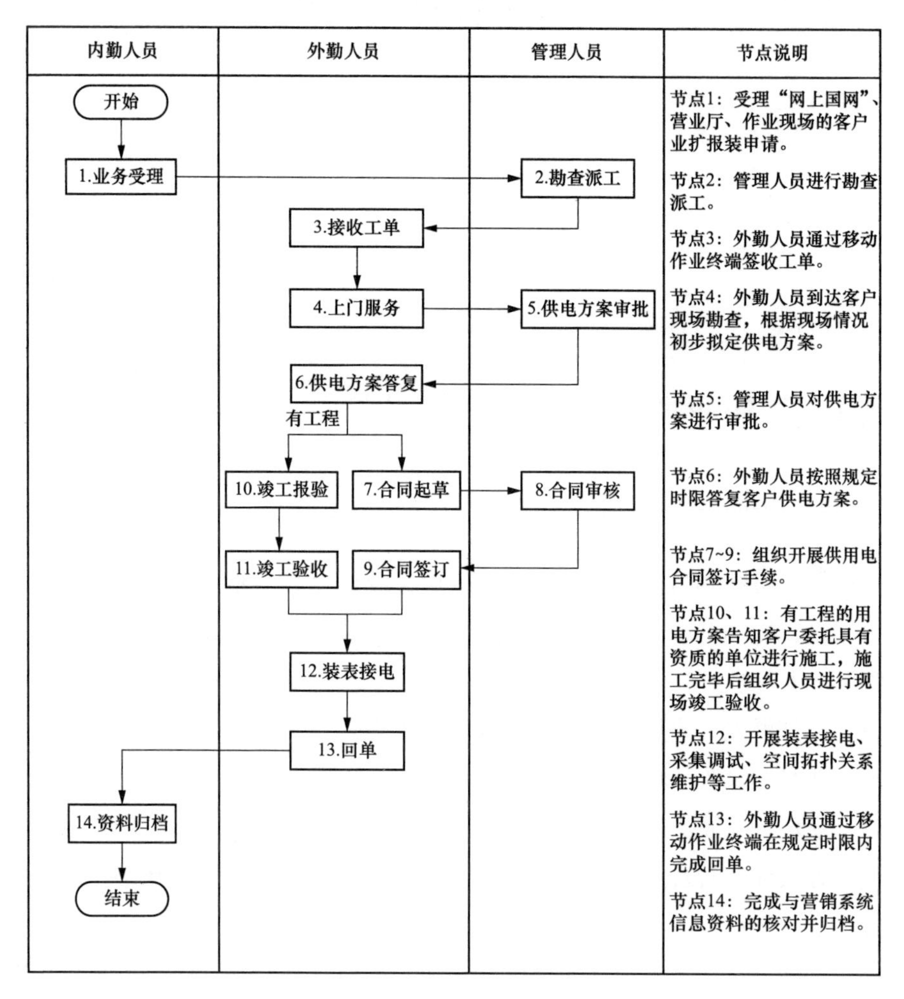

图 2-1　低压业扩报装流程

2.2　高压业扩报装

2.2.1　流程与主要业务环节

高压业扩报装涵盖高压新装和高压增容两类业务，包括工单派发、现场勘查及供电方案拟定、合同拟订、中间检查、竣工验收、送电（装表接电）等主要业务环节，具体流程如图 2-2 所示。

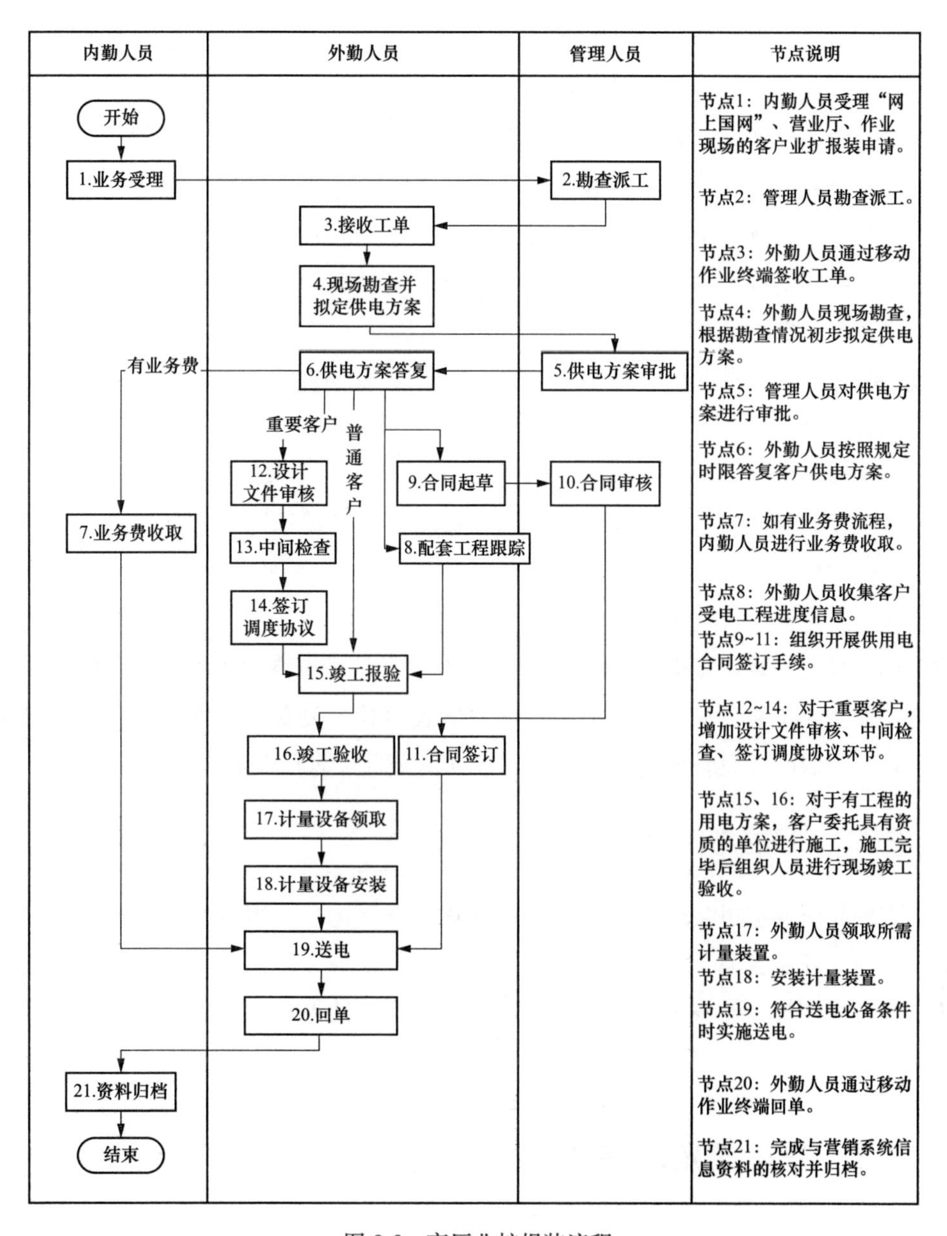

图 2-2　高压业扩报装流程

（1）工单派发。内勤人员受理业务后，管理人员线上进行派工，外勤人员通过移动作业终端签收工单。

（2）现场勘查及供电方案拟定。外勤人员通过移动作业终端查询 GIS 地图中存量电网资源、客户报装位置等信息，推荐最优电源接入方案，绘制供电方案草图，依据现场所需要的工程类型计算出费用概算，补充计量、计费方案等相关信息，一键生成供电方案答复单，提交管理人员审批，审批通过后外勤人员辅助客户在移动作业终端上对方案进行电子签名确认。

（3）合同拟订，供电方案确认后。外勤人员通过移动作业终端对合同中部分用户信息进行修改，生成供用电合同，提交管理人员审核。

（4）中间检查。外勤人员现场检查涉及电网安全的隐蔽工程施工工艺、计量相关设备选型等方案是否合规，通过移动作业终端填写中间检查意见、缺陷内容、整改情况等信息，自动生成《中间检查意见单》，辅助客户在移动作业终端上进行电子签名确认。

（5）竣工验收，外勤人员按照国家、行业标准、规程和客户竣工报验资料，对受电工程涉网部分进行全面检验，通过移动作业终端填写竣工验收意见、缺陷内容、整改情况等信息，自动生成《客户受电工程竣工检验意见单》，辅助客户在移动作业终端上进行电子签名确认。

（6）送电（装表接电），完成电能表、互感器、采集终端等相关设备的安装及送电，外勤人员通过移动作业终端抄读电能表示数、关联采集终端，完成一键调试，自动获取配电设备地理坐标位置，数据提交后自动同步至各专业系统。

2.2.2 目的与作用

实现高压业扩报装现场作业环节移动化、数字化，应用数智装备辅助外勤人员现场高效开展各类单据生成、客户签字确认、设备一键调试等工作，解决高压业扩报装周期长、业务环节多等问题，有效减轻外勤人员工作负担，减少纸质单据携带。

2.3 分布式光伏并网

2.3.1 流程与主要业务环节

分布式光伏并网包括工单派发、现场勘查及方案答复、合同签订、装表接电等主要业务环节，具体流程如图 2-3 所示。

（1）工单派发。内勤人员受理业务后，管理人员线上进行派工，外勤人员通过移动作业终端签收工单。

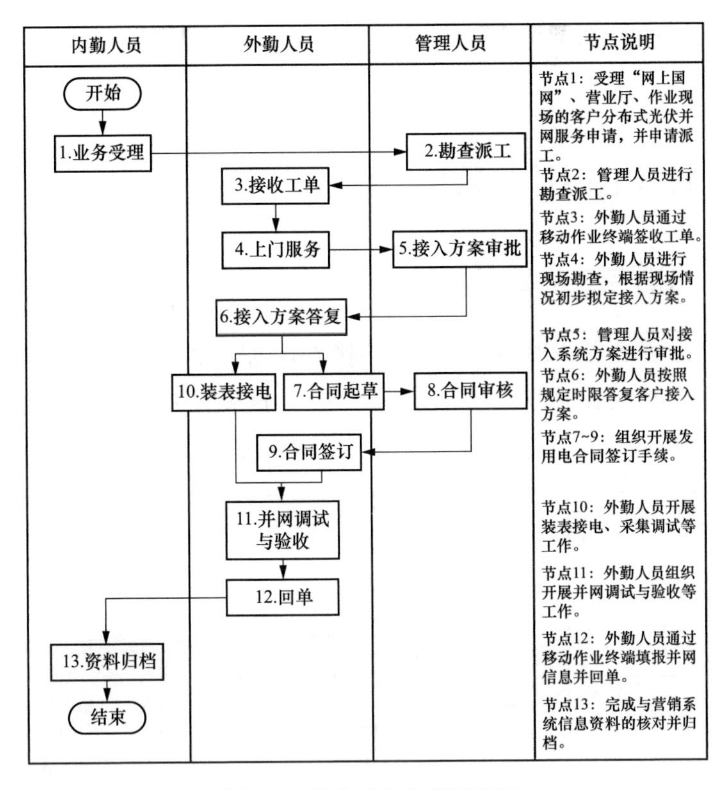

图 2-3 分布式光伏并网流程

（2）现场勘查及方案答复。到达客户现场开展勘查工作，依据勘查结果线上拟定接入方案提交管理人员审批，审批通过后，外勤人员辅助客户在移动作业终端上对方案进行电子签名确认。

（3）合同签订。方案确认无误后，外勤人员通过移动作业终端生成发用电合同提交管理人员审批，审批通过后，外勤人员辅助客户在移动作业终端上进行电子签名确认，使用蓝牙打印机现场打印合同交客户留存。

（4）装表接电。完成计量箱、表计等相关设备安装后，外勤人员通过“手机＋背夹”抄读电表示数、扫描箱表二维码、关联采集终端、获取计量箱坐标，完成一键调试与空间拓扑关系维护，数据提交后自动同步至相关专业系统。

2.3.2 目的与作用

实现分布式光伏并网服务全业务线上化、数字化，应用数字装备辅助外勤人员现场快速采集数据及资料打印，通过移动作业终端完成从工单签收到装表接电现场全业务移动处理，解决传统外勤人员多次往返现场、流程推进不及时等问题。

2.4 低压电能计量装置装拆

2.4.1 流程与主要业务环节

低压电能计量装置装拆涵盖经互感器接入式电能计量装置装拆和直接接入式电能计量装置装拆两类业务，包括工单派发、计量装置装拆等主要业务环节，具体流程如图 2-4 所示。

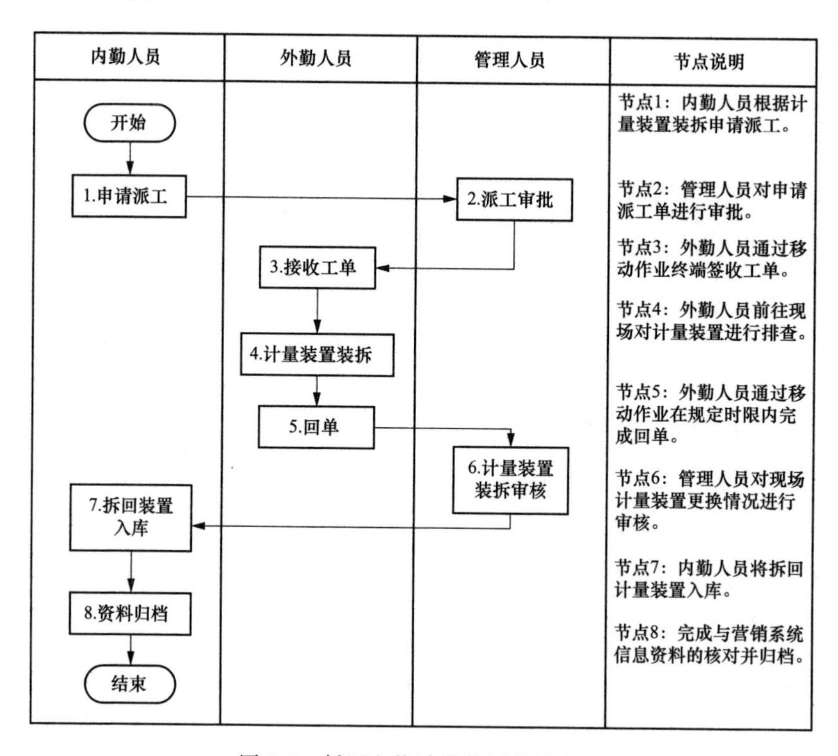

图 2-4 低压电能计量装置装拆流程

（1）工单派发。内勤人员受理业务后，管理人员线上进行派工，外勤人员通过移动作业终端签收工单。

（2）计量装置装拆。外勤人员到达客户现场开展计量装置装拆工作，通过“手机+背夹”抄读旧电能表示数、查找旧电能表信息、拍照上传佐证材料。更换新计量装置后，外勤人员通过“背夹”抄读电能表示数，通过手机扫码获取新装计量装置资产号、参数和封印等信息，关联采集终端及电能表信息，完成“一键调试”，通过移动作业终端填写设备更换原因、处理结果、退补电量数据，辅助客户完成电子签名确认，数据提交后自动同步至相关专业系统。

2.4.2　目的与作用

实现低压电能计量装置装拆业务线上化一次处理，通过移动作业终端现场完成计量装置信息的查询及新装计量装置的快速绑定，解决计量装置信息二次录入、人工录入易错等问题。

2.5　低压电能计量装置故障处理

2.5.1　流程与主要业务环节

低压电能计量装置故障处理包括工单派发、现场核查、故障处理等主要业务环节，具体流程如图2-5所示。

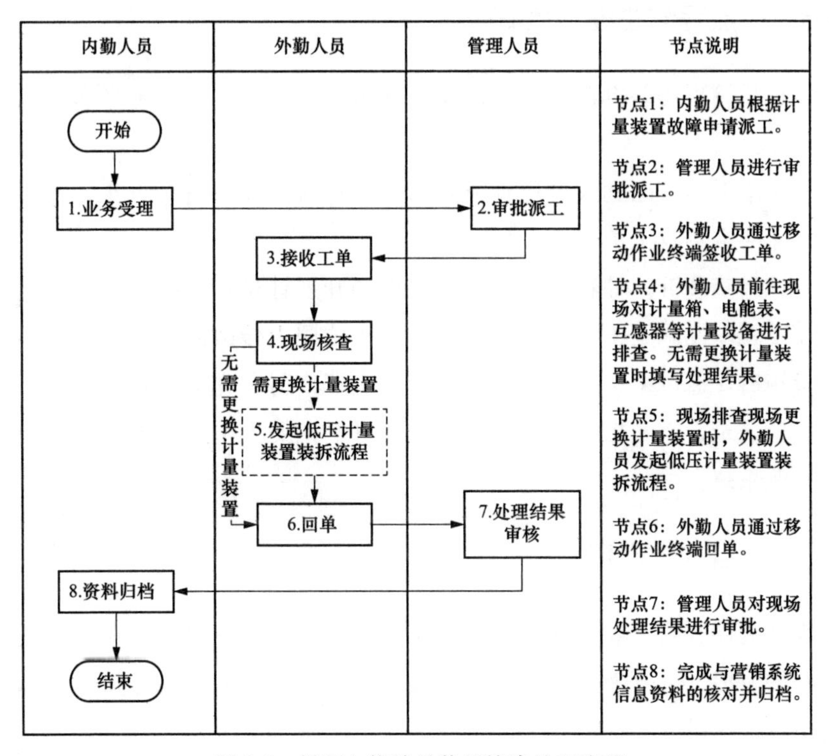

图2-5　低压电能计量装置故障处理流程

（1）工单派发。内勤人员根据低压计量装置故障发起派工申请，管理人员线上进行派工审批，外勤人员通过移动作业终端签收工单。

（2）现场核查。外勤人员根据客户档案、计量设备运行信息等内容，确认故障计量装置位置和故障类型。

（3）故障处理。外勤人员根据现场核查结果，填写故障原因及处理结果，数据提交后自动同步至相关专业系统，如需更换低压计量装置时，通过移动作业终端现场发起低压电能计量装置装拆申请。

2.5.2 目的与作用

实现低压电能计量装置故障线上处理，解决传统人工线下办理、业务流程烦琐等问题。

2.6 低压计量箱现场装拆

2.6.1 流程与主要业务环节

低压计量箱现场装拆包括工单派发、计量箱装拆等主要业务环节，具体流程如图 2-6 所示。

（1）工单派发。内勤人员受理业务后，管理人员线上进行派工，外勤人员通过移动作业终端签收工单。

（2）计量箱装拆。外勤人员到达客户现场开展计量箱装拆工作，现场核验确认计量箱及配电设施处于无电状态，通过手机拍照上传故障计量箱佐证材料，更换新计量箱后，通过手机扫码获取新装计量箱资产号，完成计量箱信息采录、地理位置坐标采录、空间拓扑关系维护、佐证材料拍照上传，数据提交后自动同步至相关专业系统。

2.6.2 目的与作用

实现低压计量箱现场装拆业务线上化一次处理，通过移动作业终端现场完成佐证材料的上传、位置坐标获取和拓扑关系的维护，解决新装计量箱信息二次录入、人工录入易错等问题。

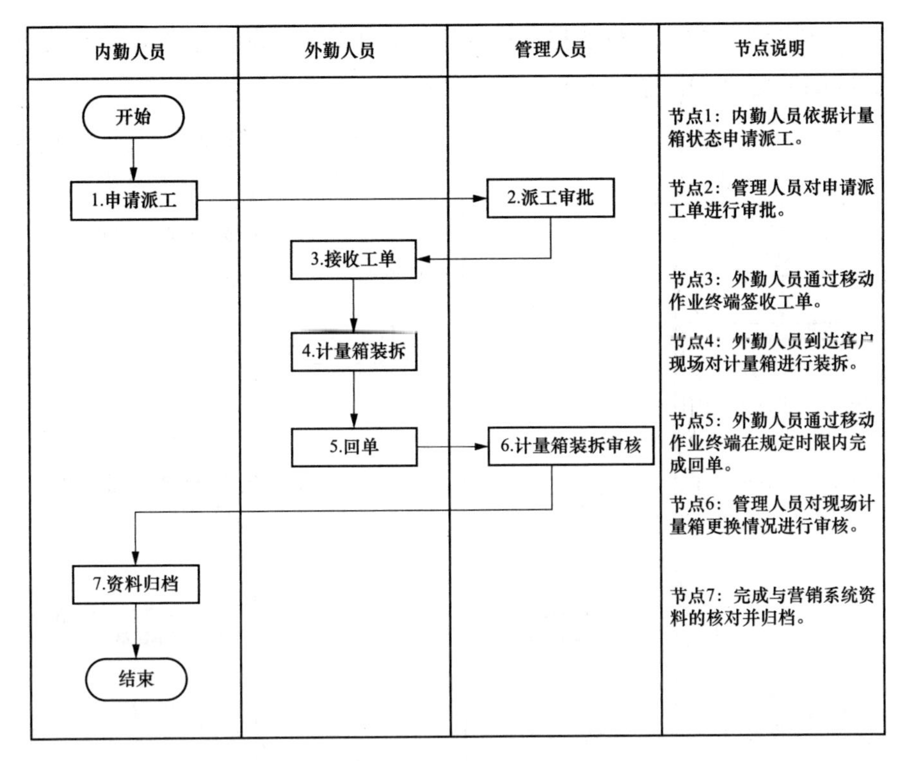

图 2-6　低压计量箱现场装拆流程

2.7　高压电能计量装置装拆及验收

2.7.1　流程与主要业务环节

高压电能计量装置装拆包括工单派发、计量装置装拆等主要业务环节，其流程如图 2-7 所示。

（1）工单派发。内勤人员根据计量在线监测研判结果或客户反馈信息，发起高压电能计量装置装拆申请，管理人员线上进行派工审批，外勤人员通过移动作业终端签收工单。

（2）计量装置装拆。外勤人员到达客户现场开展拆装工作，通过“手机+背夹”抄读旧电能表示数、查找旧电能表信息、拍照上传佐证材料。更换电能表、互感器等相关设备后，外勤人员通过“背夹”抄读电能表示数，通过手机扫码获取新装计量装置资产号、参数和封印等信息，关联采集终端和电能表相关信息，完成“一键调试”，辅助客户在移动作业终端上电子签名确认电能表示数及封印等信息，数据提交后自动同步至相关专业系统。

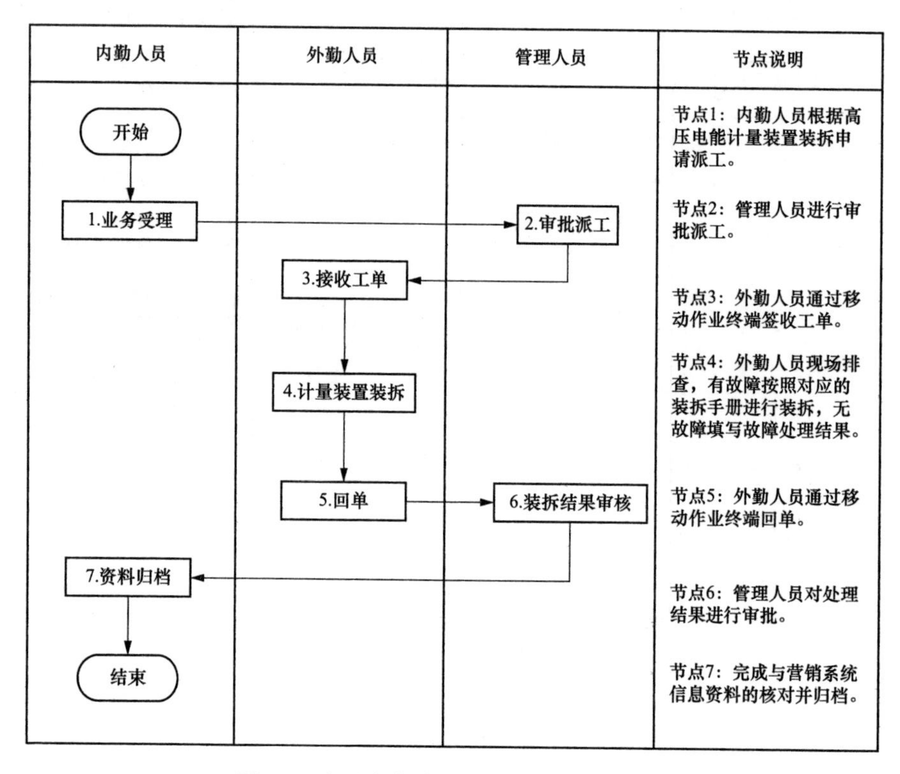

图 2-7　高压电能计量装置装拆及验收流程

2.7.2　目的与作用

实现高压电能计量装置装拆业务线上化、数字化，通过移动作业终端现场完成故障高压电能计量装置佐证材料的提交与新装计量装置的信息采录等工作，解决高压计量装置信息二次录入、人工录入易错等问题。

2.8　高压电能计量装置故障处理

2.8.1　流程与主要业务环节

高压电能计量装置故障处理包括工单派发、现场核查、故障处理等主要业务环节，其流程如图 2-8 所示。

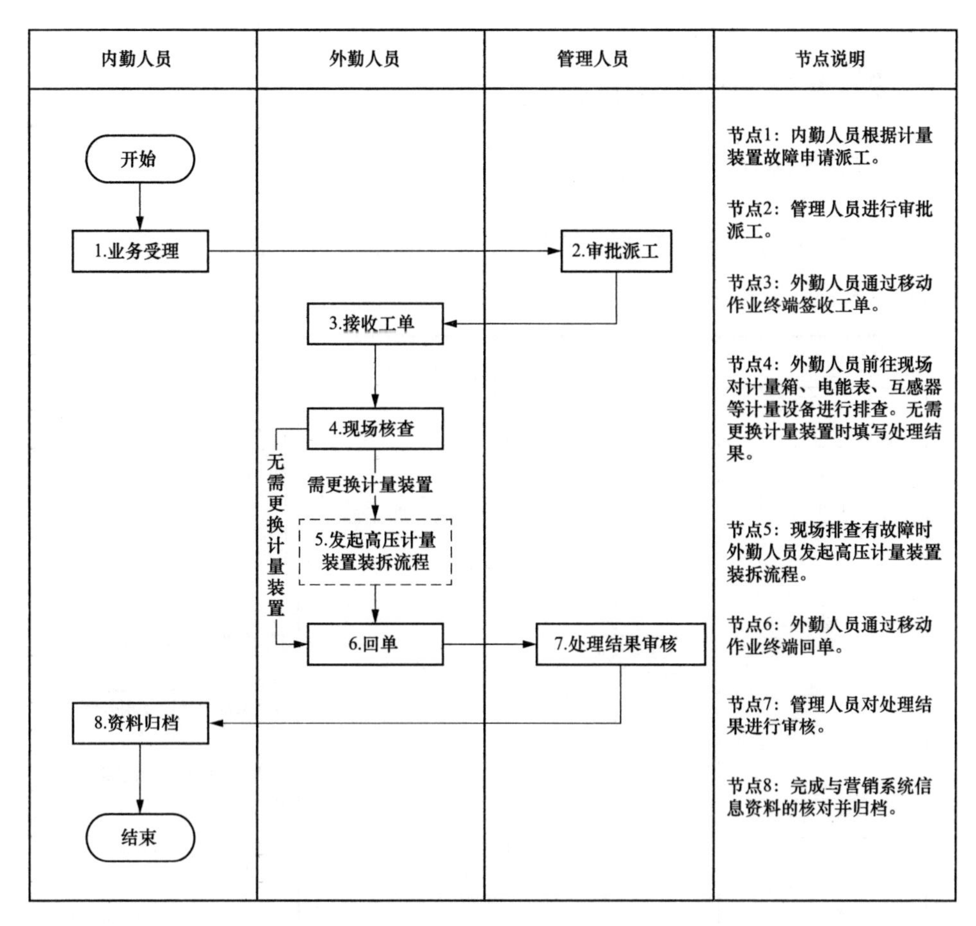

图 2-8　高压电能计量装置故障处理流程

（1）工单派发。内勤人员根据高压电能计量装置故障发起派工申请，管理人员线上进行派工审批，外勤人员通过移动作业终端签收工单。

（2）现场核查。外勤人员根据客户档案、计量设备运行信息等内容，确认故障计量装置位置和故障类型。

（3）故障处理。外勤人员根据现场核查结果，填写故障原因及处理结果，如需更换高压计量装置时，通过移动作业终端现场发起高压电能计量装置装拆申请，数据提交后自动同步至相关专业系统。

2.8.2　目的与作用

实现高压电能计量装置故障线上处理，解决传统人工线下办理、业务流程烦琐等问题。

2.9 集中抄表终端装拆

2.9.1 流程与主要业务环节

集中抄表终端装拆涵盖集中器装拆、采集器装拆两类业务，包括工单派发、采集装置装拆等主要业务环节，其流程如图 2-9 所示。

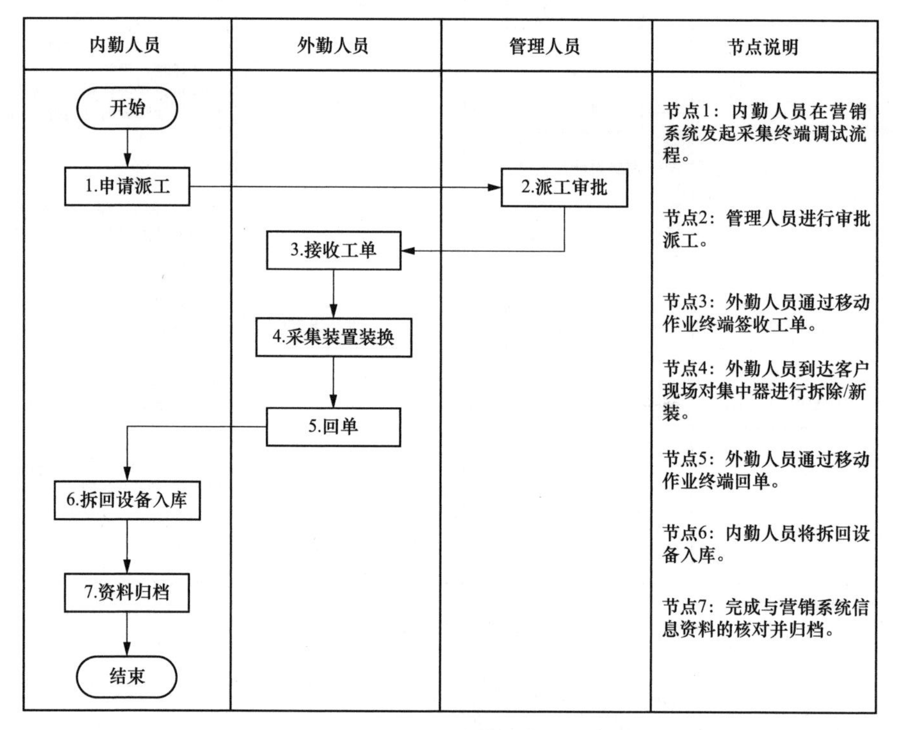

图 2-9　集中抄表终端装拆流程

（1）工单派发。内勤人员受理业务后，管理人员线上进行派工，外勤人员通过移动作业终端签收工单。

（2）采集装置装拆。外勤人员到达客户现场开展采集装置装拆工作，通过手机拍照上传佐证材料，更换集中抄表终端后，外勤人员通过“手机＋背夹”读取新装集中抄表终端资产号，完成终端信息采录、电能表与主站通信调试、主站任务参数下发、佐证材料拍照上传，数据提交后自动同步至相关专业系统。

2.9.2 目的与作用

实现集中抄表终端装拆全业务线上化、数字化，通过移动作业终端现场完成新装终端信息采录、一键调试等工作，解决新装集中抄表终端信息重复录入问题。

2.10　集中抄表终端故障处理

2.10.1　流程与主要业务环节

集中抄表终端故障处理涵盖集中器故障处理、采集器故障处理两类业务，包括工单派发、现场核查、故障处理等主要业务环节，具体流程如图 2-10 所示。

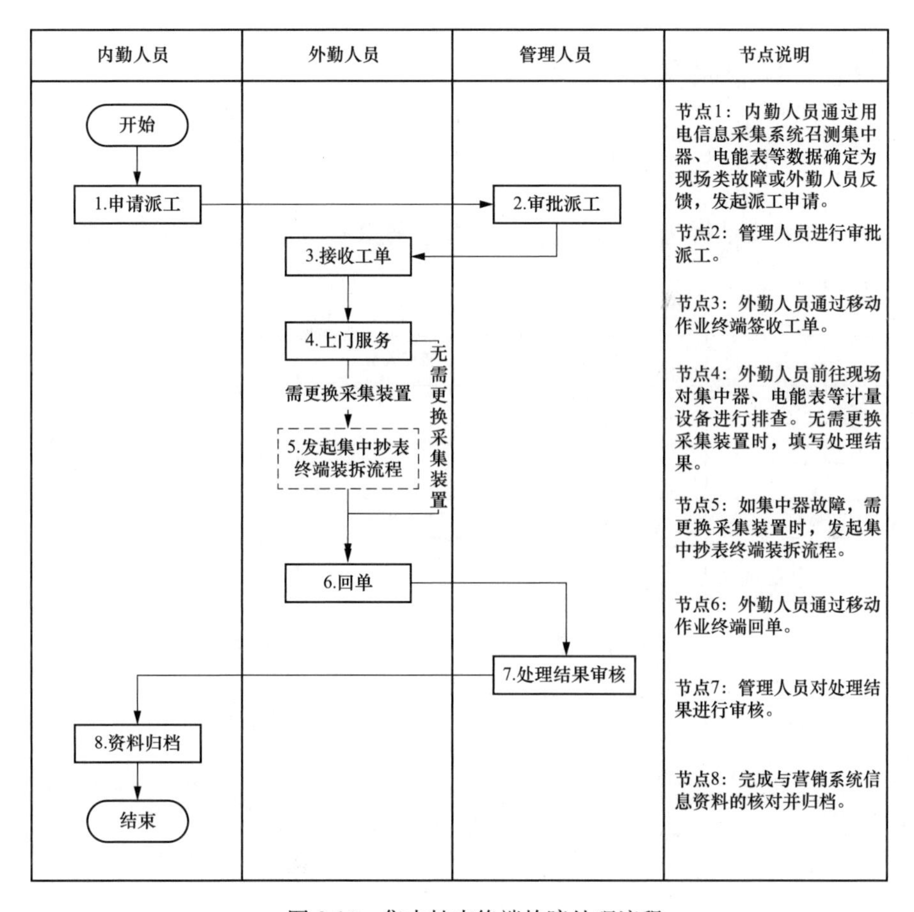

图 2-10　集中抄表终端故障处理流程

（1）工单派发。内勤人员受理业务后，管理人员线上进行派工，外勤人员通过移动作业终端签收工单。

（2）现场核查。外勤人员到达客户现场开展采集装置故障排查工作，通过移动作业终端查找故障集中抄表终端位置，现场检查集中抄表终端异常信息确定故障类型。

（3）故障处理。外勤人员根据现场核查结果，填写故障原因及处理结果，如需更换集中抄表终端时，通过移动作业终端现场发起集中抄表终端装拆申请，数据提交后自动同步至相关专业系统。

2.10.2 目的与作用

实现集中抄表终端故障线上处理，解决传统人工线下办理、业务流程烦琐等问题。

2.11 专变采集终端装拆

2.11.1 流程与主要业务环节

专变采集终端装拆包括工单派发、采集装置装拆等主要业务环节，具体流程如图 2-11 所示。

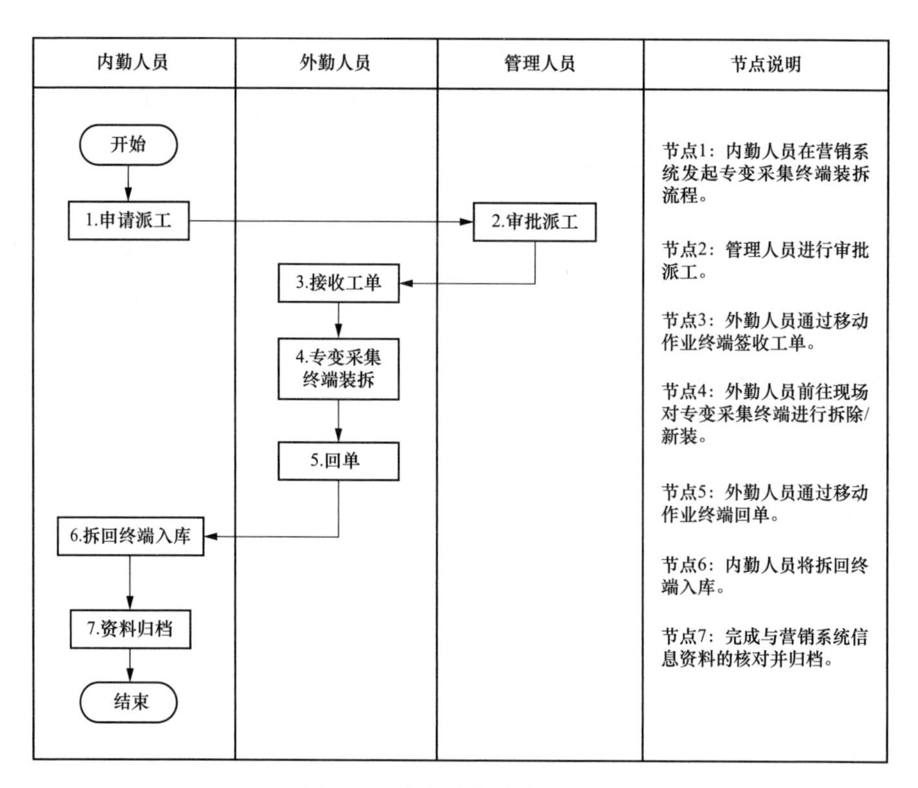

图 2-11　专变采集终端装拆流程

（1）工单派发。内勤人员受理业务后，管理人员线上进行派工，外勤人员通过移动作业终端签收工单。

（2）采集装置装拆。外勤人员到达客户现场开展采集装置装拆工作，通过手机拍照上传佐证材料。更换专变采集终端后，外勤人员通过“手机＋背夹”获取新装专变采集终端资产号，完成终端信息采录、电能表与主站通信调试、主站任务参数下发、佐证材料拍照上传，数据提交后自动同步至相关专业系统。

2.11.2　目的与作用

实现专变采集终端装拆全业务线上化、数字化，通过移动作业终端现场完成新装专变采集终端的信息采录、调试等工作。

2.12　专变采集终端故障处理

2.12.1　流程与主要业务环节

专变采集终端故障处理包括工单派发、现场排查、故障处理等主要业务环节，具体流程如图2-12所示。

（1）工单派发。内勤人员受理业务后，管理人员线上进行派工，外勤人员通过移动作业终端签收工单。

（2）现场排查。外勤人员到达客户现场开展专变采集终端故障排查工作，通过移动作业终端查询故障专变采集终端位置，现场检查专变采集终端异常信息，确定故障类型。

（3）故障处理。外勤人员根据现场核查实际故障情况，填写故障原因及处理结果，如需更换专变采集终端，通过移动作业终端现场发起专变采集终端装拆申请，数据提交后自动同步至相关专业系统。

2.12.2　目的与作用

实现专变采集终端故障线上处理，解决传统人工线下办理、业务流程烦琐等问题。

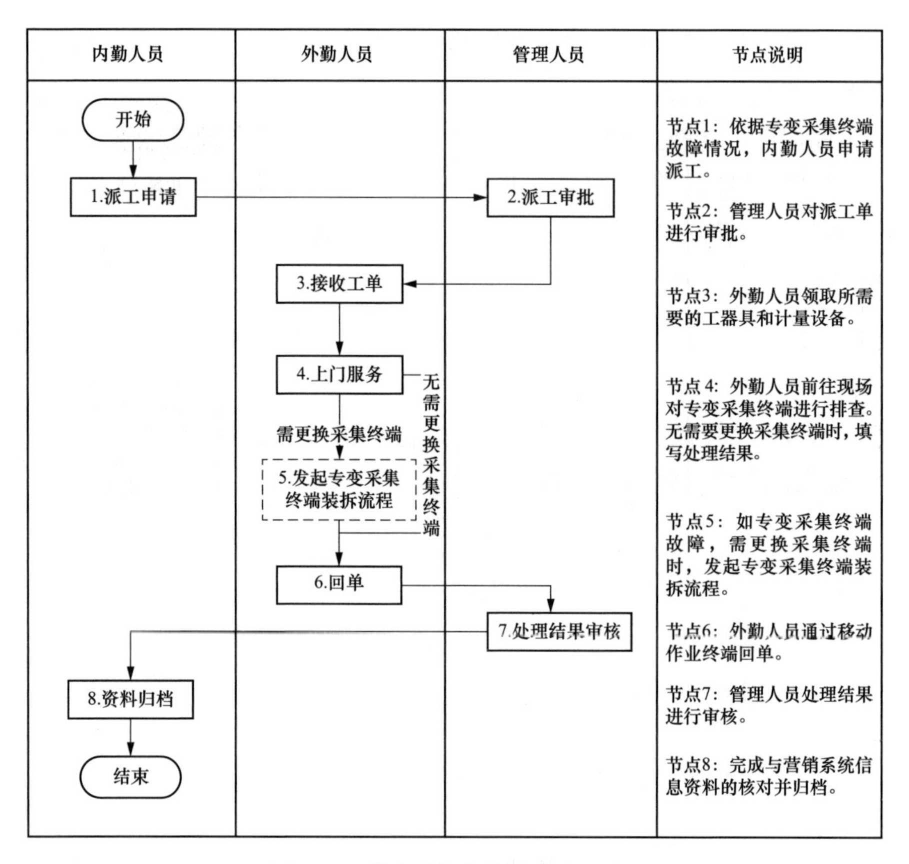

图 2-12　专变采集终端故障处理流程

2.13　采集故障研判

2.13.1　流程与主要业务环节

采集故障研判包括综合研判及远程处理、勘察派工、现场核查及处理等主要业务环节，具体流程如图 2-13 所示。

（1）综合研判及远程处理。内勤人员在数字化供电所全业务平台查看采集异常清单，依据采集研判规则对采集终端故障（终端离线、终端频繁登录主站、数据采集失败、采集数据时有时无、数据采集错误、事件上报异常等）和智能电能表故障（反向电量走字异常、电能表数据倒走或飞走异常、电能表数据停走、电能表数据示值不平等）进行综合研判及远程处理。

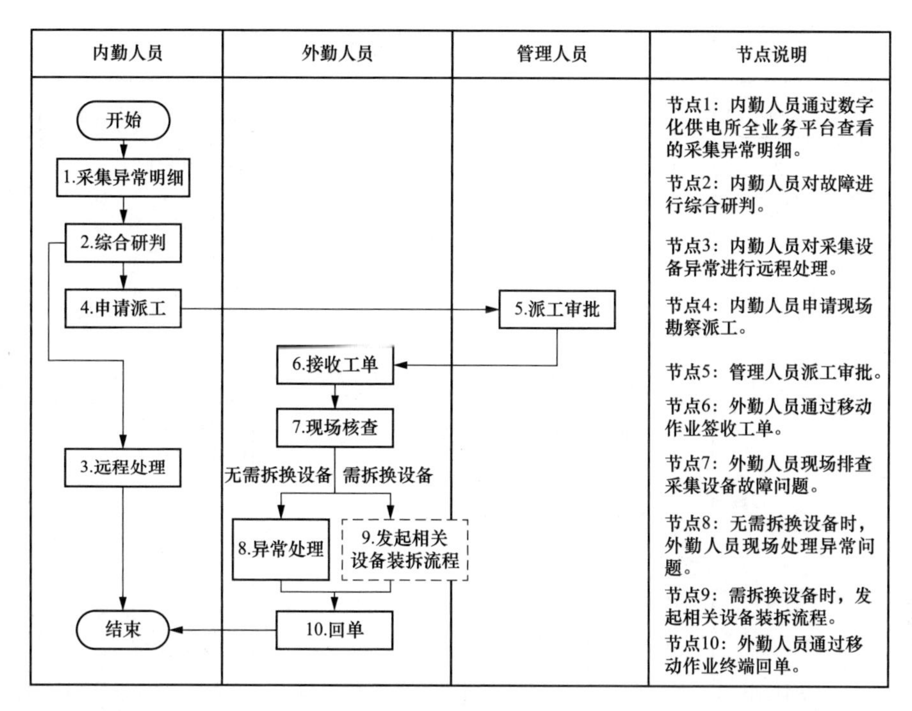

图 2-13　采集故障研判流程

（2）勘查派工。综合研判后，需现场核查的，内勤人员发起派工申请，管理人员线上审批，外勤人员在移动作业终端签收工单。

（3）现场核查及处理。外勤人员到达现场开展核查工作，如需拆换设备时发起相关设备装拆流程，无需拆换设备时现场对异常问题进行处理，通过移动作业终端一键回传核查信息及整改结果。

2.13.2　目的与作用

实现采集故障研判业务线上化、数字化，解决传统采集异常处理不及时、数据质量低等问题，有效提升采集数据的及时性与准确性。

2. 14　台区线损诊断

2.14.1　流程与主要业务环节

台区线损诊断包括综合研判及档案整改、勘查派工、现场核查及处理等主要业务环节，具体流程如图 2-14 所示。

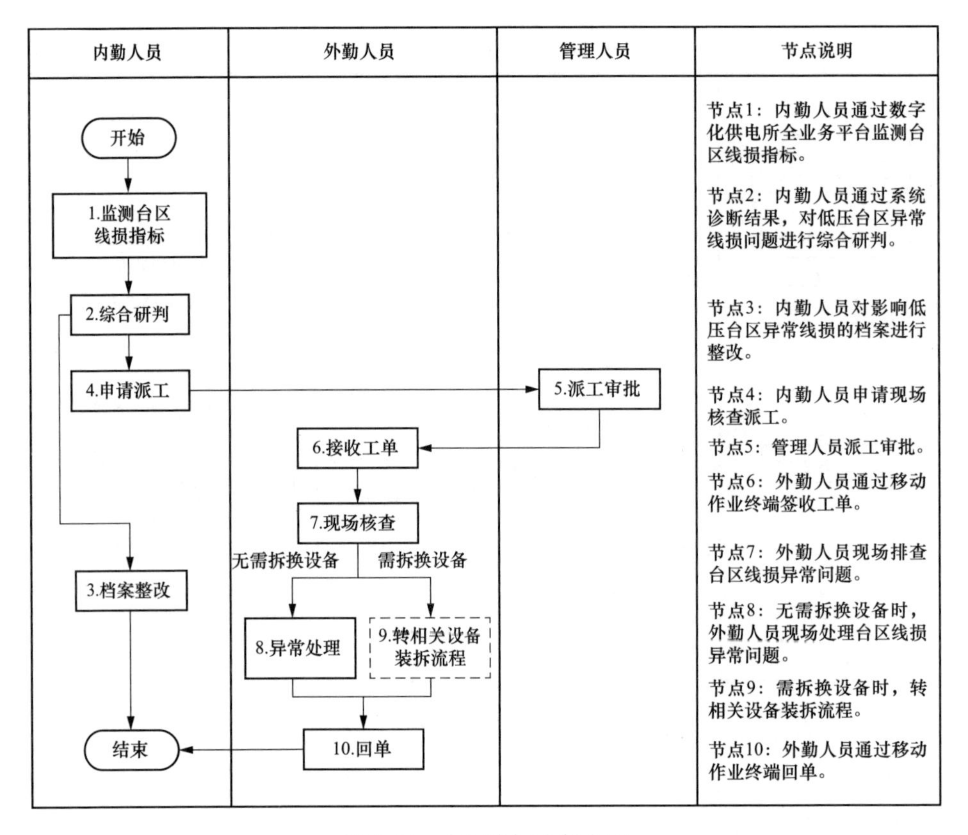

图 2-14　台区线损诊断流程

(1) 综合研判及档案整改。内勤人员通过查看台区线损指标，依据台区线损研判规则对台区线损异常（长期高损、突发高损、长期负损、突发负损、小负损、供电量为零或空值台区、用电量为空值台区等）进行综合研判及档案整改。

(2) 勘查派工。综合研判后，需现场处理的，内勤人员发起派工申请，管理人员线上审批，外勤人员在移动作业终端签收工单。

(3) 现场核查及处理。外勤人员到达现场开展核查工作，根据核查结果，发起相应处理流程。

2.14.2　目的与作用

实现台区线损诊断业务线上化、数字化，解决台区线损率高、线损异常处理不及时等问题。

2.15　电费催收

2.15.1　流程与主要业务环节

电费催收涵盖远程费控和非费控两类客户催收业务，其中远程费控客户电费催收包括欠费客户查询、停电申请、人工核查等主要业务环节，非费控客户电费催收包括催费发起、派送停电通知单、现场停电申请等主要业务环节，其流程如图2-15所示。

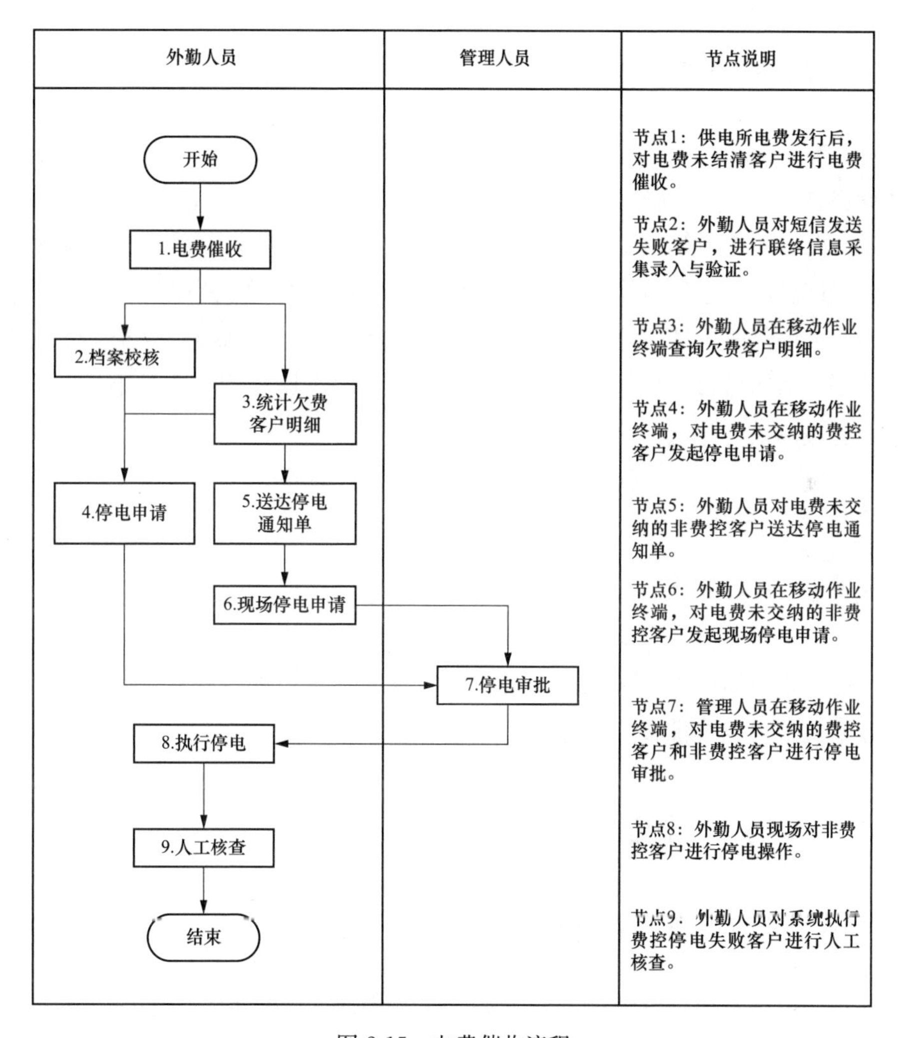

图2-15　电费催收流程

1. 远程费控客户电费催收

（1）欠费客户查询。外勤人员通过移动作业终端查询欠费客户信息。若催费短信发送失败，通过移动作业终端现场对客户联络信息进行校核更新。

（2）停电申请。对在规定时间内仍未交纳电费的客户，外勤人员线上发起停电申请，提交管理人员审批，审批后外勤人员远程下发停电指令，对已批复的停电申请进行停电。

（3）人工核查。外勤人员通过移动作业终端查询执行费控停电失败的客户信息，发起人工核查派工申请，进行现场核查。

2. 非费控客户电费催收

（1）催费发起。外勤人员通过移动作业终端查询欠费客户信息，将催费信息精准告知客户。

（2）派送停电通知单。外勤人员在移动作业终端上查询收到通知且逾期未交费的客户信息，通过移动作业终端完成派工后，将停电通知单送达客户。

（3）现场停电申请。对已送达停电通知单且在规定时间内仍未交纳电费的客户，外勤人员通过移动作业终端发起现场停电申请，提交管理人员审批，审批后外勤人员现场执行停电。

2.15.2 目的与作用

实现电费催收方式的创新，为员工提供便捷、多样化的信息支持服务，解决外勤人员催费信息掌握不及时，因催费需多次往返现场等问题，通过移动作业终端实现随时查找用电客户的电费交纳情况，对欠费客户进行精确催收，提高电费催收效率，减轻电费催收人员负担。

2.16 客户用电检查

2.16.1 流程与主要业务环节

客户用电检查包括制订计划及派工、现场检查、隐患处理、窃电及违约处置、追补电费等主要业务环节，具体流程如图 2-16 所示。

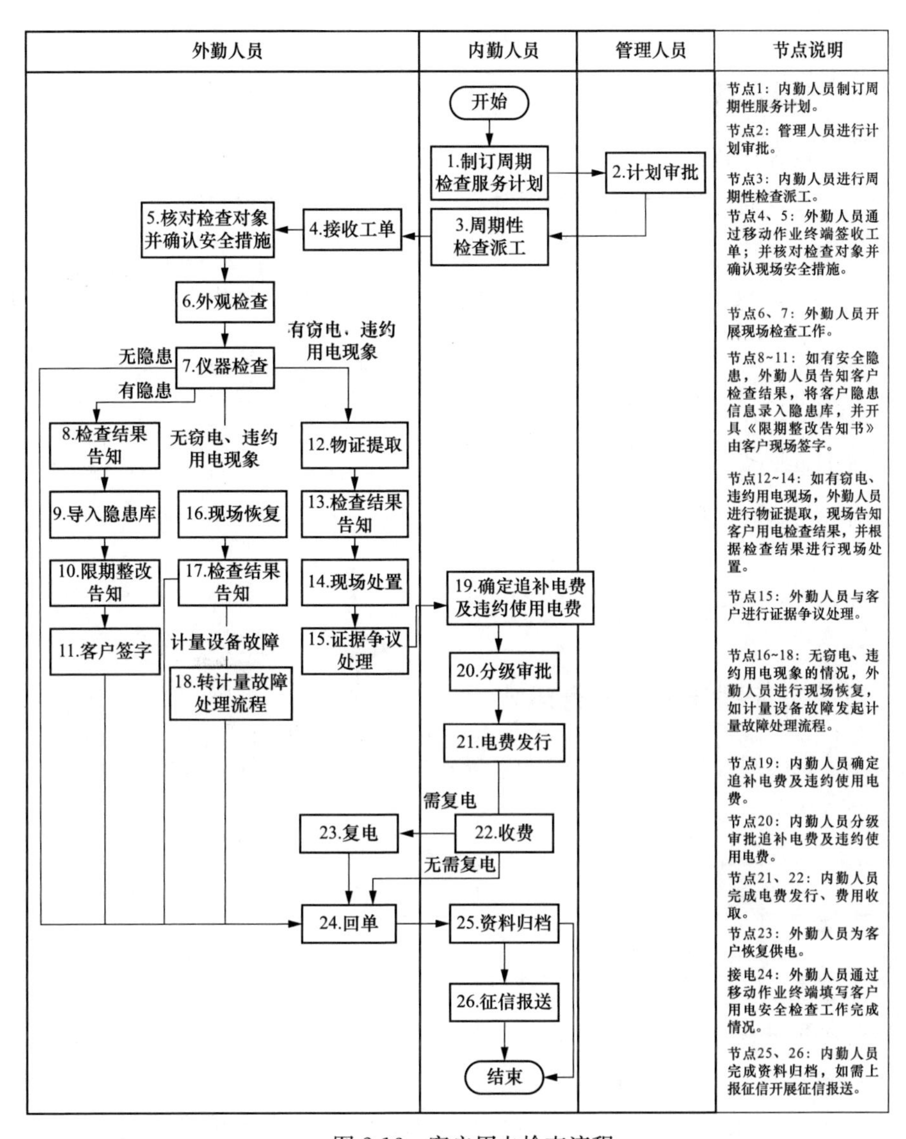

图 2-16　客户用电检查流程

(1) 制订计划及派工。内勤人员制订用电检查计划，管理人员审批后派工至外勤人员。

(2) 现场检查。外勤人员通过移动作业终端签收检查任务工单，现场核对客户基本信息，开展设备外观检查及仪器辅助检查，对存在安全隐患或违约行为，拍照提取物证，通过移动作业终端录入检查信息。

(3) 隐患处理。如存在安全隐患行为，外勤人员通过移动作业终端开具用电检查结果通知书，向客户提出整改意见和措施，辅助客户完成电子签名确认。

（4）窃电及违约处置。如客户存在窃电、违约用电行为，外勤人员通过移动作业终端拍照提取物证，现场告知客户用电检查结果，辅助客户完成电子签名确认，根据检查结果进行现场处置。

（5）追补电费。内勤人员核算追补电量电费，由管理人员分级审批，审批通过后内勤人员完成电费核算、费用收取等。

2.16.2 目的与作用

客户用电检查依托数字化供电所全业务平台和移动作业终端协同机制，便于外勤人员随时查看客户档案信息，了解隐患排查依据及重点客户隐患信息，现场通过移动作业终端完成所有检查流程及结果告知，使得客户用电检查工作更加精细、准确。

2.17 户变关系研判及处理

2.17.1 流程与主要业务环节

户变关系研判及处理包括户变关系异动监测、工单派发、现场核查等主要业务环节，具体如图 2-17 所示。

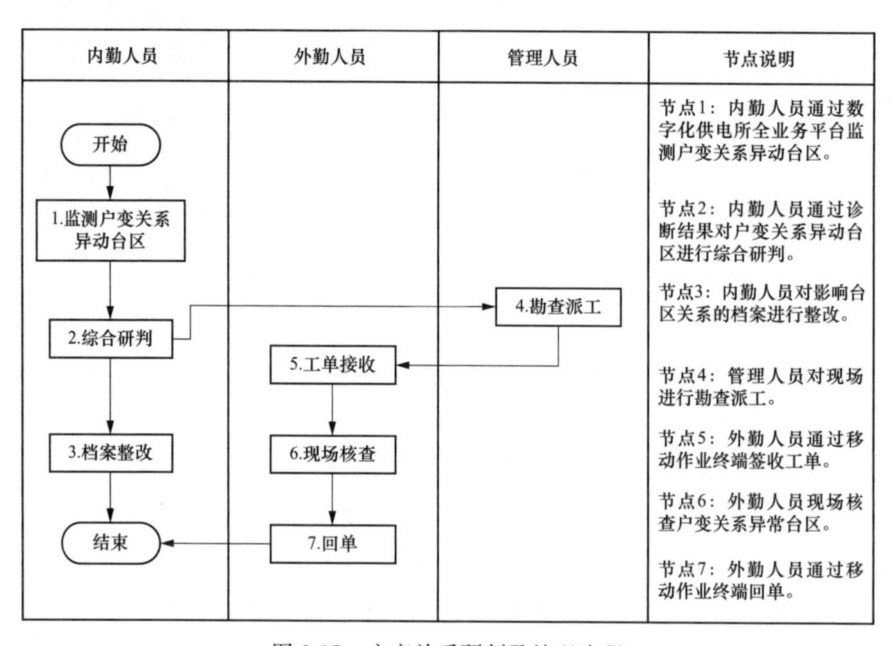

图 2-17 户变关系研判及处理流程

（1）户变关系异动监测。内勤人员在数字化供电所全业务平台上查看户变关系异常清单，对研判结果中需要修改客户档案的直接进行档案修订。

（2）工单派发。对需要现场处理的，内勤人员发起派工申请，管理人员线上进行派工审批，外勤人员通过移动作业终端签收现场核查工单。

（3）现场核查。外勤人员到达现场，通过移动作业终端查询台区拓扑关系，对“变—箱—表”拓扑关系及台区客户档案信息进行校核，如有异常户变关系或异常客户档案，外勤人员通过移动作业终端现场进行“变—箱—表”拓扑关系或客户档案的修正维护，数据提交后自动同步至相关专业系统。

2.17.2　目的与作用

通过移动作业终端实现台区户变拓扑关系和客户档案一键查询，异常户变拓扑关系和异常客户档案现场核查修正，解决传统人工线下核查效率低、系统二次修正维护易错等问题，提高台区精益化管理水平。

2.18　配电消缺

2.18.1　流程与主要业务环节

配电消缺包括消缺申请、现场消缺等主要业务环节，具体流程如图 2-18 所示。

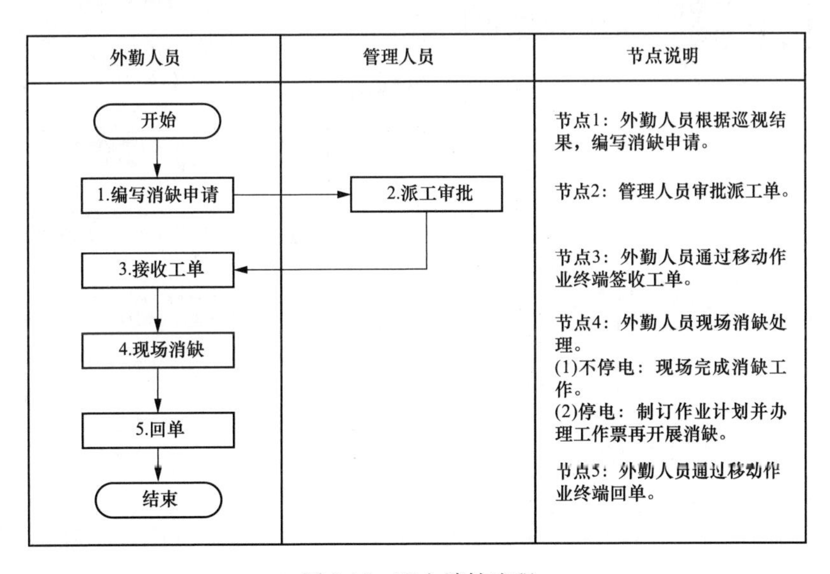

图 2-18　配电消缺流程

（1）消缺申请。外勤人员通过移动作业终端发起消缺申请，管理人员线上进行派工审批。

（2）现场消缺。外勤人员到达现场后，通过移动作业终端一键签到，系统自动记录消缺开始时间；消缺任务完成后通过移动作业终端填写消缺记录，上传消缺照片，数据提交后自动同步至相关专业系统。

2.18.2 目的与作用

实现配电消缺的事前、事中、事后全移动化作业，解决传统外勤人员事后消缺信息二次录入以及录入信息不完整等问题。在数字化供电所全业务平台实时展示当日（月）消缺结果、缺陷历史库与消缺进度，提升配电运维精益化管理水平。

2.19 配电巡视

2.19.1 流程与主要业务环节

配电巡视包括工单接收、现场巡视等主要业务环节，具体流程如图 2-19 所示。

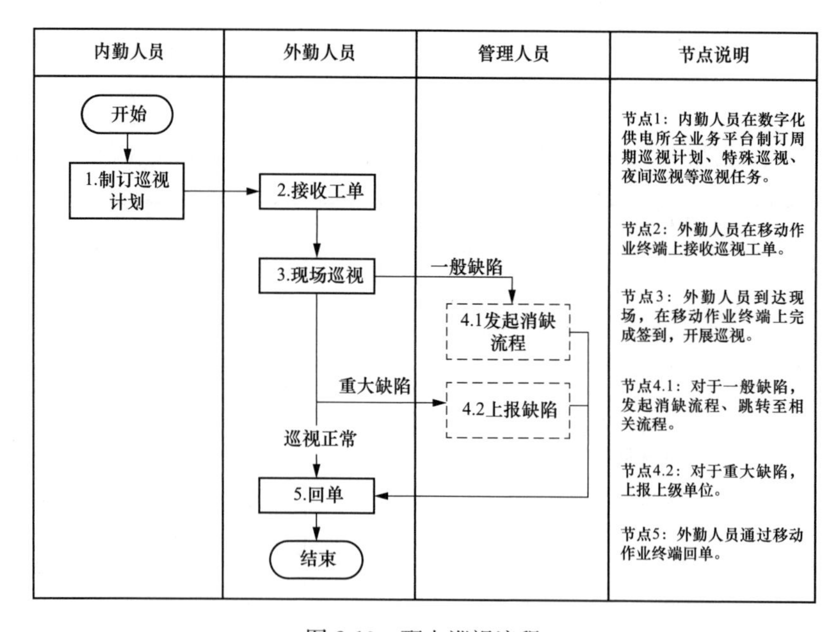

图 2-19 配电巡视流程

（1）工单接收。内勤人员制定配电巡视计划后，外勤人员通过移动作业终端接收巡视工单。

（2）现场巡视。外勤人员到达现场后，通过移动作业终端一键签到，系统自动记录巡视开始时间，对巡视过程中发现的缺陷问题，通过移动作业终端对缺陷部位进行现场拍照，填报缺陷情况，上传缺陷照片，发起配电消缺流程，数据提交后自动同步至相关专业系统。

2.19.2　目的与作用

通过移动作业终端实时上传巡视结果，实现配电巡视流程与消缺流程的无缝衔接，解决外勤人员事后录入巡视结果不完整、缺陷流程推进不及时等问题，有效减轻外勤人员工作负担，提升巡视工作效率。

2.20　配电抢修

2.20.1　流程与主要业务环节

配电抢修包括接收工单、故障抢修等主要业务环节，具体流程如图2-20所示。

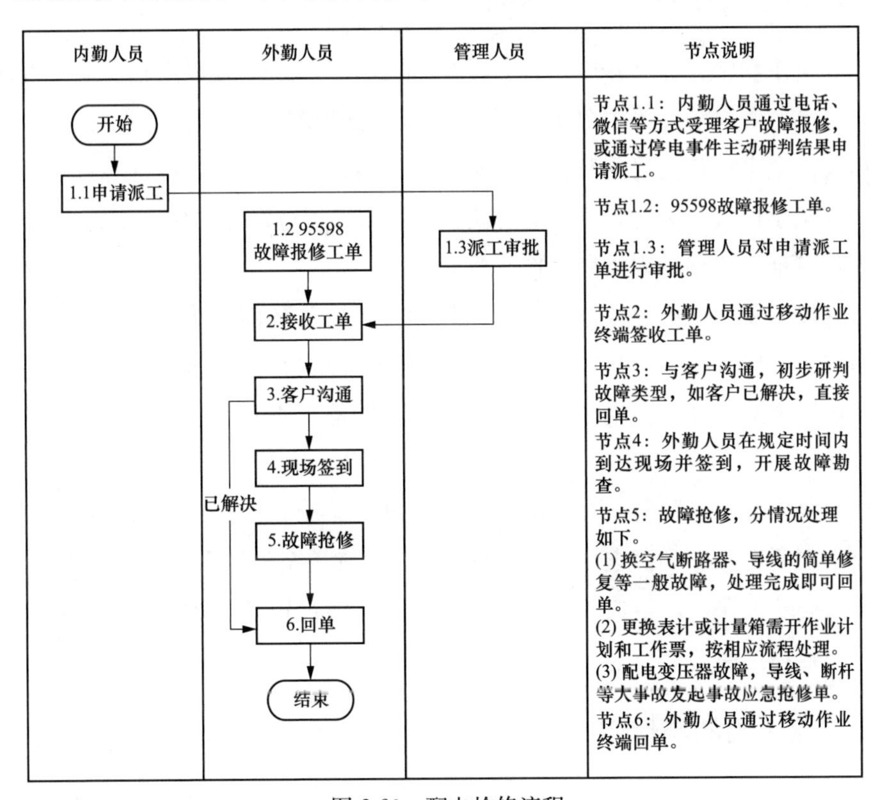

图2-20　配电抢修流程

（1）接收工单。内勤人员受理业务后，管理人员线上进行审批，外勤人员通过移动作业终端签收工单，判断故障原因，查看影响客户范围，一键提醒告知客户停电信息。

（2）故障抢修。外勤人员到达现场后，通过移动作业终端一键签到，系统自动记录到达现场时间；完成抢修后，通过移动作业终端一键回传故障抢修过程和结果。对非本供电所负责的故障，一键转派相关班组进行抢修。

2.20.2 目的与作用

实现配电抢修事前一键提醒，事中一键签到，错派工单一键转派，提高优质服务质量，高效辅助抢修工作闭环。

2.21 停复电主动服务

2.21.1 流程与主要业务环节

停复电主动服务包括停电事件自动研判与告警、停（复）电信息自动生成与发送、复电监测与预警等主要业务环节，具体流程如图 2-21 所示。

（1）停电事件自动研判与告警。基于台区智能融合终端边缘计算能力及算法模型对停电事件自动进行研判，实时获取研判结果，对发生的停电事件进行告警，将告警信息推送至外勤人员移动作业终端上。

（2）停（复）电信息生成与发送。外勤人员接收到停电告警信息后，确认停电是否属实、停电范围、初判复电时间，确认停电发起主动抢修流程。在移动作业终端一键生成停（复）电公告，通过短信（微信）告知客户，对重要客户电话沟通。

（3）复电监测与预警。对停电台区状态进行监测，如存在超时复电可能，在数字化供电所全业务平台进行预警，将预警信息推送至外勤人员移动作业终端上，外勤人员确认无误后，生成复电超期预警公告，通过短信（微信）告知客户，对重要客户电话沟通。

2.21.2 目的与作用

基于台区智能融合终端边缘计算能力，实现对停（复）电事件的自动研判、预警告警、客户主动告知及重要客户精准安抚，推动客户服务模式由“客户来电、被动处置”向“自动研判、主动服务”转变，有效减少客户投诉，提升客户优质服务水平，提高供电服务质量。

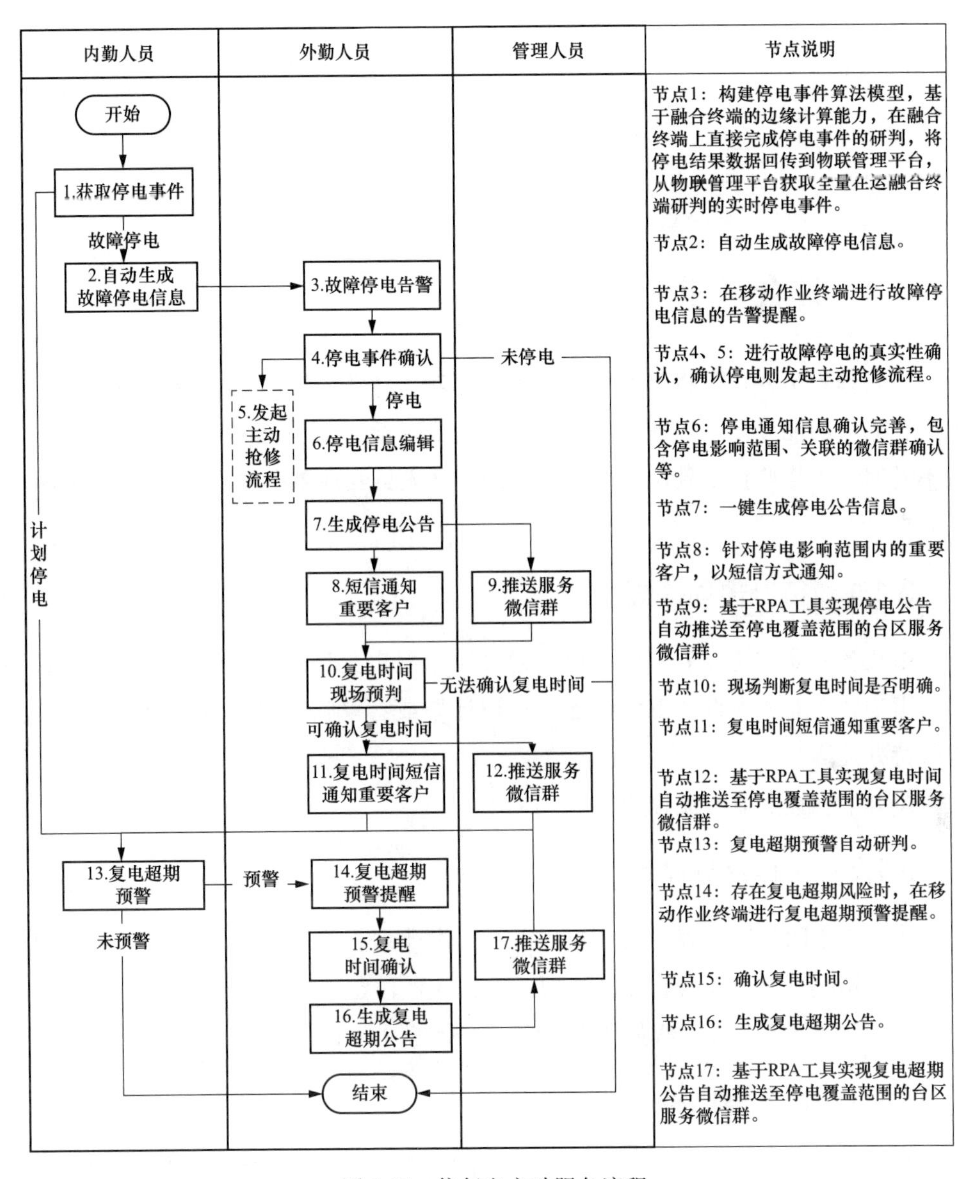

图 2-21　停复电主动服务流程

第 3 章　供电所管理人员数智作业规范

3.1　综合管理

以管理人员视角，将供电所日常待办事项、工作计划及运营指标等高频工作汇集在同一功能界面，以消息的方式进行提醒，解决日常工作处理零散、业务审批不及时、工作监督不到位等问题，辅助管理人员实现供电所日常工作“集中办、及时办”。

3.1.1　待办事项提醒

汇集各专业系统业务审批工单，通过模板制定工作任务、培训计划及会议日程等事项，在业务审批、工作任务、培训计划或会议临期时，自动以消息的方式进行待办提醒。

待办事项提醒业务流程如图 3-1 所示。

3.1.2　工作计划制定

将“二十四节气”表、周（月、年）工作计划、培训计划与会议日程等模板化，选择相应模板在线编制工作计划、培训计划、会议日程等。

工作计划制定业务流程如图 3-2 所示。

3.1.3　运营指标监控

汇集供电所营销业务、供电服务、配电网运行等日常关键指标进行监测监控，对于异常指标以消息的方式进行提醒，发起异常指标督办流程，减少指标查询负担，提高指标精益化管理水平。

运营指标监控业务流程如图 3-3 所示。

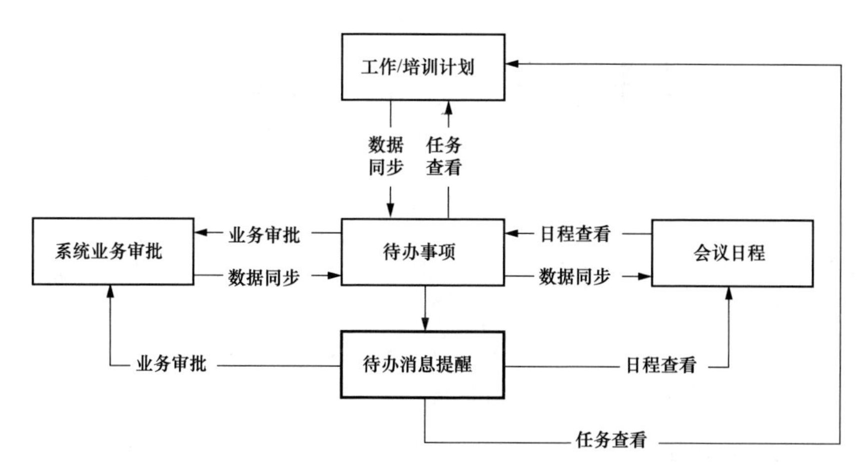

图 3-1　待办事项提醒业务流程

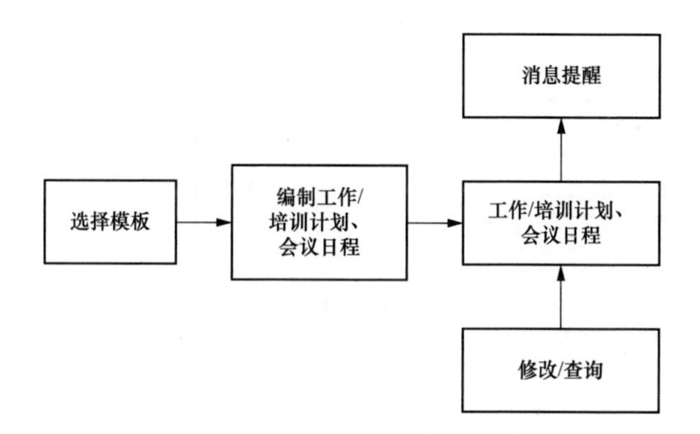

图 3-2　工作计划制定业务流程

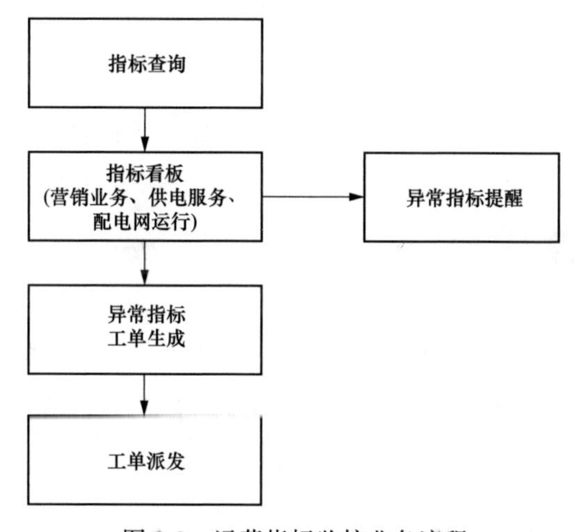

图 3-3　运营指标监控业务流程

3.2 工单管理

汇集营销、配电网等各专业系统实时工单数据，集中展示工单的状态（包括待签收、已签收、已办结），在“电网一张图”上展示工单分布情况。按照专业、工单状态、预警类别等条件对工单进行统计分析；集中展示服务类工单，分析重点客户诉求及潜在投诉风险，发起风险预警；通过工单驱动业务，对供电所临时任务创建自主工单派发内、外勤人员处理；超期工单进行自动预警，发送预警消息，提醒相关人员及时处理。

工单管理业务流程如图 3-4 所示。

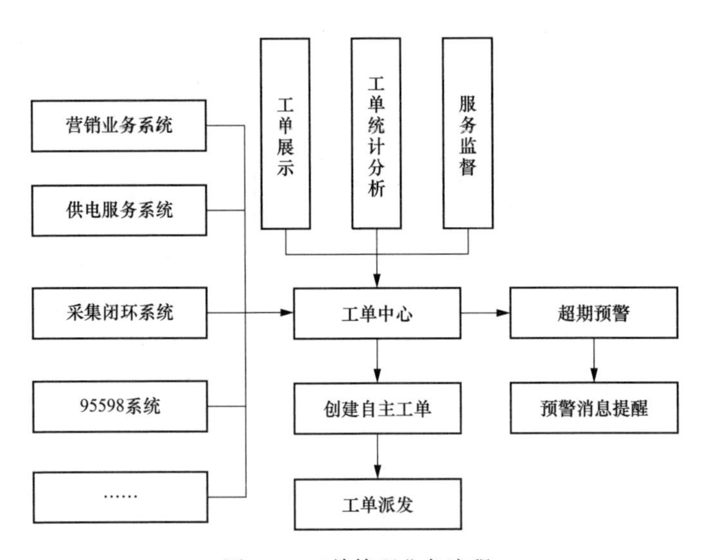

图 3-4 工单管理业务流程

3.3 所务管理

汇集供电所台区、车辆、客户结构、资产台账、党建等数据，展示供电所概况、台区规模、客户结构、党建风采，查询资产台账、车辆台账及车辆位置等信息，辅助管理人员及时掌握所务运营情况。

所务管理业务流程如图 3-5 所示。

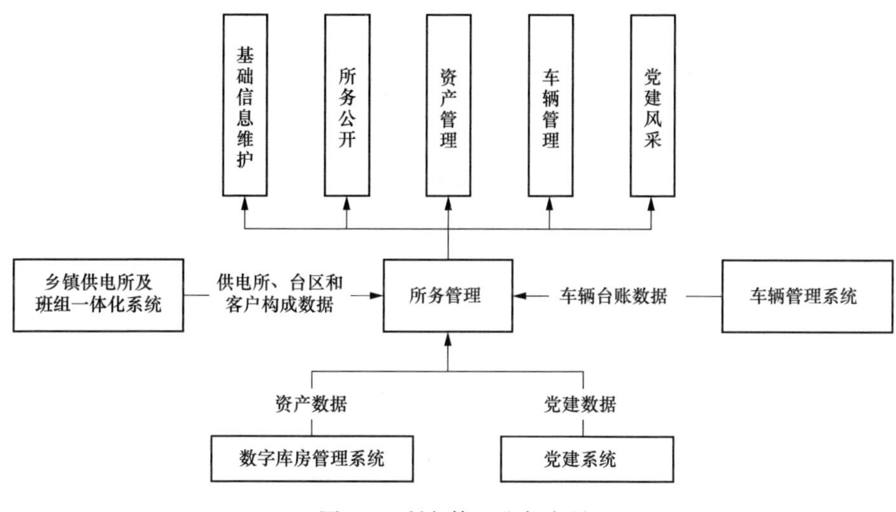

图 3-5　所务管理业务流程

3.4　员工管理

以员工为核心，对员工绩效和培训开展线上化管理，使其绩效考核公正透明，员工培训有效落地，解决传统绩效评价标准不科学、评价得分计算复杂、培训考核落地难等问题。员工管理分为员工绩效与员工培训两部分。

3.4.1　员工绩效

采取系统自动打分加管理人员确认的方式进行员工绩效评价。管理人员制定绩效评价模板，系统依据模板自动打分，管理人员对分值进行修正确认，形成最终绩效得分，对绩效结果进行统计排名；通过标记绩效单项得分分值低于阈值的评分项，反映员工业务薄弱点，督促员工加强培训学习，提升业务水平。

员工绩效业务流程如图 3-6 所示。

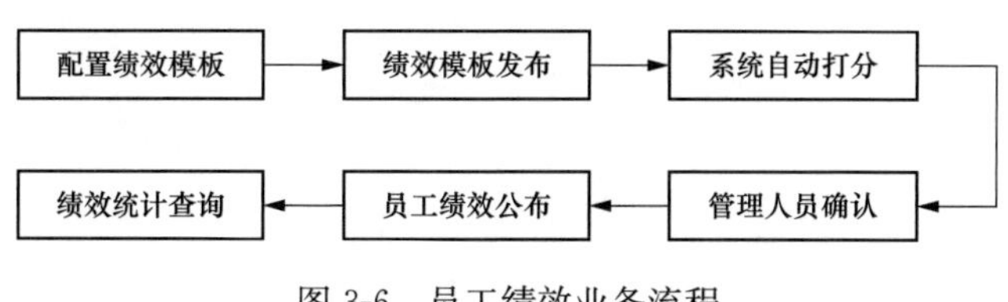

图 3-6　员工绩效业务流程

3.4.2 员工培训

线上管理培训资料，形成培训资料库。根据管理要求在线制定培训计划，关联相关培训资料；培训完成后，通过移动作业终端进行线上答题或现场实操打分；从培训时长、考核得分等多个维度对培训结果进行统计分析，辅助管理人员对培训成效进行评估。

员工培训业务流程如图 3-7 所示。

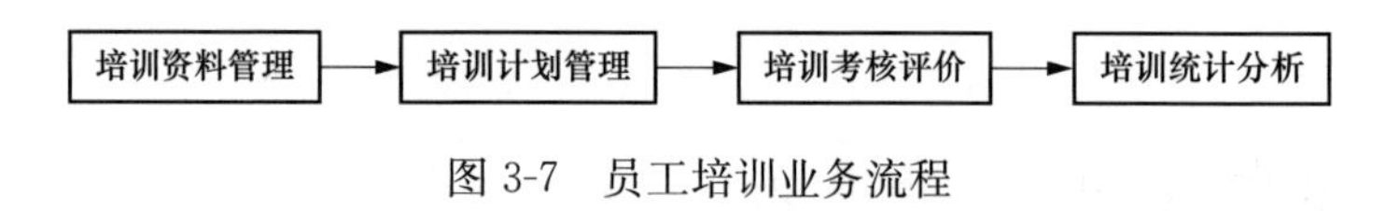

图 3-7　员工培训业务流程

第 4 章　供电所内勤人员数智作业规范

4.1　业务受理

1. 业务受理内容

业务受理可分为营业厅业务受理和线上业务受理。

（1）营业厅业务受理。内勤人员使用电脑、高拍仪、高速扫描仪或引导客户自助使用营业厅的业务受理自助终端、窗口信息交互终端，收集客户办电需求、用电地址、联系方式、客户编号等相关信息及申请资料。在受理期间，指导客户选择用能服务需求，提供个性化的产品目录供客户选择。

（2）线上业务受理。内勤人员接收通过网上国网、95598 业务支持系统、自助终端等渠道推送的业务预受理工单，审核确认预申请办电信息，发起更名、过户、改类、新装、增容、减容、销户、档案维护等业务流程，将客户正式办电申请工单派送至外勤人员。

2. 业务受理流程

业务受理流程如图 4-1 所示。

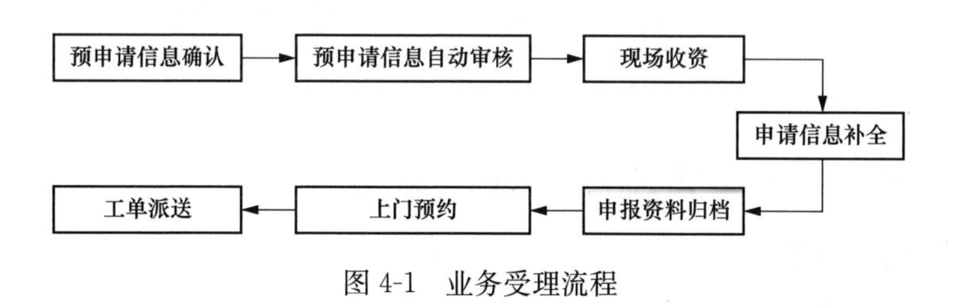

图 4-1　业务受理流程

3. 业务受理标准作业规范

业务受理标准作业规范见表 4-1。

表 4-1　　业务受理标准作业规范

序号	工作事项	工作内容
1	预申请信息确认	通过数字化供电所全业务平台查看预申请信息（内容包括预申请编号、工单编号、受理渠道、业务类型、用户编号、用户名称、供电单位、申请容量、合计容量信息），完成预申请工单审核工作
2	预申请信息自动审核	通过数字化供电所全业务平台点击自动审核，查看审核结果，针对审核不通过的内容，进行人工审核，记录预申请审批信息（内容包括审核结果、审核不通过原因、审核/审批意见），若审核结果为“不通过”，则填写不通过原因
3	现场收资	应用录入助手辅助工具，自动识别客户申请资料，录入数字化供电所全业务平台
4	申请信息补全	通过数字化供电所全业务平台完成申请信息自动补全，包括办电申请信息、用户信息、用户证件信息、用电地址信息、用户联系信息、用电设备信息、用户扩展属性等
5	申报资料归档	在数字化供电所全业务平台完成收集资料电子化处理，上传
6	上门预约	与客户进行上门预约，确定登记预约人、预约勘查时间等信息，通过数字化供电所全业务平台填报预约信息
7	工单派送	推送工单处理信息至外勤人员处理业务

4.2 “三库”管理

4.2.1 安全工器具库管理

1. 管理内容

内勤人员负责实施安全工器具设备验收、出入库、保管、盘点等作业，确保“账、卡、物”相符，建立物资管理各环节管理制度，规范物资管理。

2. 管理结构

安全工器具库管理结构如图 4-2 所示。

3. 标准作业规范

安全工器具库管理标准作业规范见表 4-2。

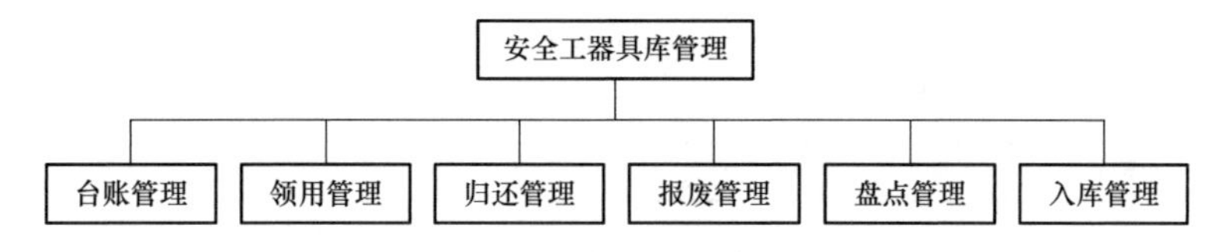

图 4-2　安全工器具库管理结构

表 4-2　安全工器具库管理标准作业规范

序号	工作事项	工作内容
1	管理台账	通过数字化供电所全业务平台对安全工器具台账信息进行录入、查看，包括名称、规格、数量等信息
2	领用管理	通过数字化供电所全业务平台对安全工器具领用信息进行填写，填写领用人信息，当安全工器具库存低于设定阈值时，系统将根据具体安全工器具类型提醒库存预警信息
3	归还管理	通过数字化供电所全业务平台对安全工器具归还信息进行填写，当外勤人员未按照作业计划归还工器具时，系统将根据作业计划自动发送领用超期预警信息提醒内勤人员
4	报废管理	通过数字化供电所全业务平台对安全工器具报废信息进行填写，标签标志变更为报废
5	盘点管理	通过数字化供电所全业务平台查看库存信息，对库房物资数量、状态等情况进行盘点并开展分析处理
6	入库管理	通过数字化供电所全业务平台对新增安全工器具入库信息进行填写查看，包括标志合格信息及检验日期等信息

4.2.2　备品备件库管理

1. 管理内容

内勤人员负责备品备件物资验收、出入库、保管、盘点等作业，确保“账、卡、物”相符，建立物资管理各环节管理制度，规范物资管理。

2. 管理结构

备品备件库管理结构如图 4-3 所示。

3. 标准作业规范

备品备件库管理标准作业规范见表 4-3。

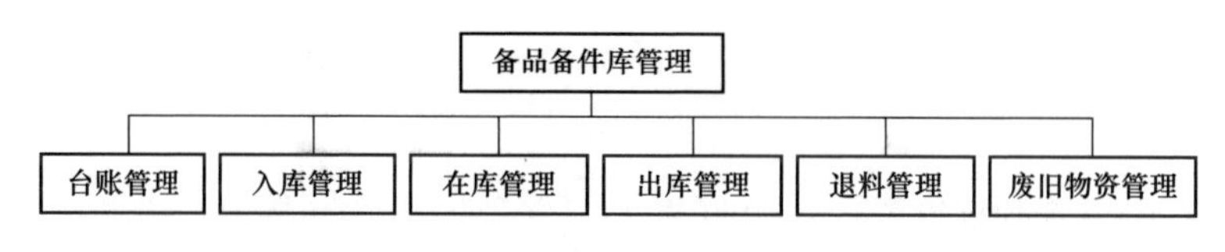

图 4-3　备品备件库管理结构

表 4-3　备品备件库管理标准作业规范

序号	工作事项	工作内容
1	台账管理	通过数字化供电所全业务平台对备品备件台账信息进行录入、查看，包括名称、规格、数量等信息
2	入库管理	通过数字化供电所全业务平台填写新增备品备件入库信息，标志合格信息及检验日期
3	在库管理	通过数字化供电所全业务平台对备品备件设置库存警戒数量，库存低于警戒阈值时提示补充备品备件，当备品备件补充完毕后，点击确认补充，消除预警信息
4	出库管理	通过数字化供电所全业务平台对备品备件出库信息进行填写，填写领用人信息
5	退料管理	通过数字化供电所全业务平台填写退料单信息，包括物资品种、规格、数量等
6	废旧物资管理	通过数字化供电所全业务平台填写废旧物资回收单信息，包括物资品种、规格、数量等

4.2.3　计量资产库（智能周转柜）管理

1. 管理内容

内勤人员负责实施计量装置物资验收、出入库、保管、盘点等作业，确保“账、卡、物”相符，建立物资管理各环节管理制度，规范物资管理。

2. 管理结构

计量资产库管理结构如图 4-4 所示。

图 4-4　计量资产库管理结构

3. 标准作业规范

计量资产库管理标准作业规范见表 4-4。

表 4-4　计量资产库管理标准作业规范

序号	工作事项	工作内容
1	库房信息管理	通过数字化供电所全业务平台对库房进行新增、变更、撤销等业务管理，包括库房变更申请、现场检查、库房变更审批等工作
2	库房内部定置	通过数字化供电所全业务平台根据实际业务需求对库房的库区、存放区、储位信息进行维护，包括库区、存放区、储位的新增、变更、撤销以及库区与存放区、存放区与储位关系的建立和解除
3	设备预领管理	通过数字化供电所全业务平台完成设备预领信息填写
4	领用退回	通过数字化供电所全业务平台或移动作业终端完成对已预领待装或领出待装的设备退回入库信息登记和查看
5	库房盘点	通过数字化供电所全业务平台查看库存信息，对库房物资数量、状态等情况进行盘点，开展分析处理；当计量资产库存设备存储不足时，系统提醒库存预警信息

4.3　电费收取

1. 业务内容

内勤人员在营业厅收费柜台使用系统以现金、POS 刷卡、第三方支付等方式，完成客户电费、违约金或预收费用的收取，为客户出具收费凭证，当日收费结束后，核对所收款项，存入银行，将相关票据及时交接。

2. 业务流程

客户交费业务流程如图 4-5 所示，电费日结业务流程如图 4-6 所示。

图 4-5　客户交费业务流程

3. 标准作业规范

电费收取标准作业规范见表 4-5，电费日结标准作业规范见表 4-6。

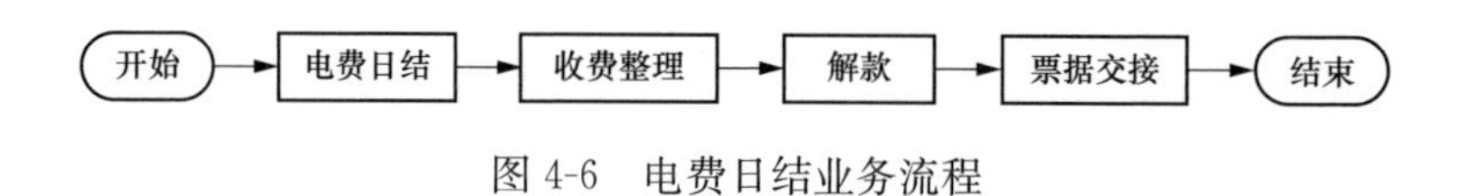

图 4-6　电费日结业务流程

表 4-5　　电费收取标准作业规范

序号	工作事项	工作内容
1	受理客户交费申请	根据客户编号查询客户应收电费、违约金或预收客户电费
2	收费	通过刷脸、现金、扫码、刷卡等方式进行电费收取
3	开具收费凭证并交付客户	收取客户交纳的电费后，开具电费收取凭证，交付用电客户

表 4-6　　电费日结标准作业规范

序号	工作事项	工作内容
1	电费日结	根据交费记录、电费笔数等信息，一键生成日实收电费报表
2	收费整理	清点各类票据、发票存根联、作废发票、未用发票等，统计核对日实收电费交接报表
3	解款	记录现金解款单和银行进账单相对应的电费清单，将现金存入指定的银行电费账户
4	票据交接	收集现金交款银行回单、银行进账单等原始凭据以及“日实收电费交接报表”等进行存档

4.4　客户服务

1. 客户服务内容

通过营销系统、95598 系统、供服系统获取客户档案、客户投诉、客户标签等数据，按不同维度对客户进行细分和打标，辅助深入洞察客户需求，针对性地制定差异化客户服务方案，满足不同客户群体的服务需求，同时预警服务风险，提升优质服务水平。

2. 客户服务结构

客户服务结构如图 4-7 所示。

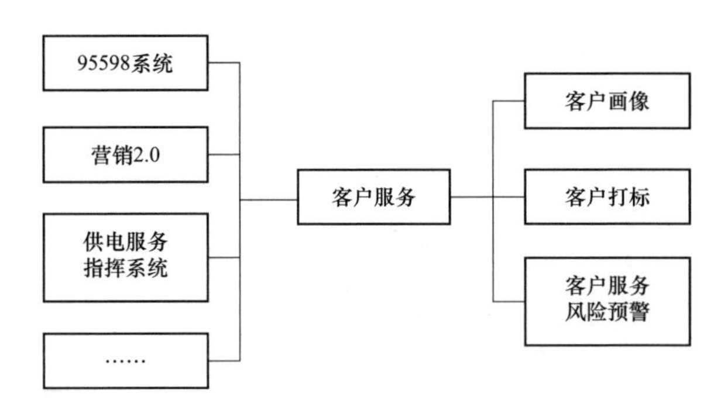

图 4-7　客户服务结构

3. 标准作业规范

客户服务标准作业规范见表 4-7。

表 4-7　　客户服务标准作业规范

序号	工作事项	工作内容
1	客户画像	通过数字化供电所全业务平台查询客户画像详情，包括客户档案信息、用电行为、交费行为及渠道编号、信用等级等
2	客户打标	通过数字化供电所全业务平台对客户频繁拨打 95598（12398、12345）热线、客户频繁停电、重点客户等进行标签维护
3	客户服务风险预警	当客户单位时间段内拨打 95598（12398、12345）热线次数、客户停电次数超过阈值时，系统自动发起客户服务风险预警

4.5　合同管理

合同管理涵盖高压客户、低压居民及低压非居民供用电合同三类业务，包括合同签订（变更、续签）与合同终止。

4.5.1　合同签订

1. 业务内容

高压客户供用电合同签订业务包括合同起草、合同签订、合同送达等关键环节；低压居民及低压非居民供电合同由外勤人员在现场办结。

2. 业务流程

合同签订业务流程如图 4-8 所示。

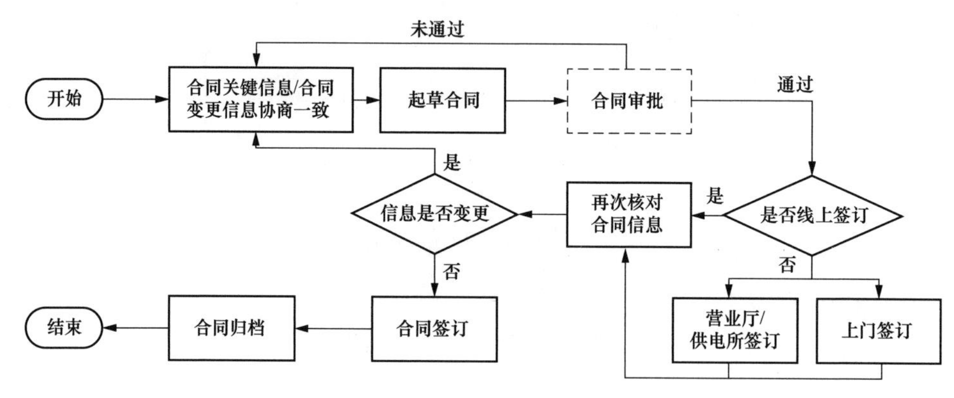

图 4-8　合同签订业务流程

3. 标准作业规范

合同签订标准作业规范见表 4-8。

表 4-8　　合同签订标准作业规范

序号	工作事项	工作内容
1	合同起草	通过数字化供电所全业务平台获取客户合同关键信息，发起合同起草流程，编制客户供用电合同
2	合同审批	管理人员通过数字化供电所全业务平台或移动作业终端完成供用电合同审批，若审批通过，则预约客户签订合同，审批不通过，则修改合同再次审批
3	合同签订	1. 线上签订，将审批通过的供用电合同推送至网上国网，客户通过网上国网签订合同； 2. 营业厅签订，与客户在营业厅签订合同； 3. 上门签订，对于不方便前往营业厅或者线上签订的客户，外勤人员上门签订供用电合同
4	合同归档	通过数字化供电所全业务平台上传电子合同，完成合同归档

4.5.2　合同终止

1. 业务内容

根据国家相关法律法规及原合同相关约定，终止供用电合同，包括终止信息收集、终止信息确认、档案归档等内容。

2. 业务流程

合同终止业务流程如图 4-9 所示。

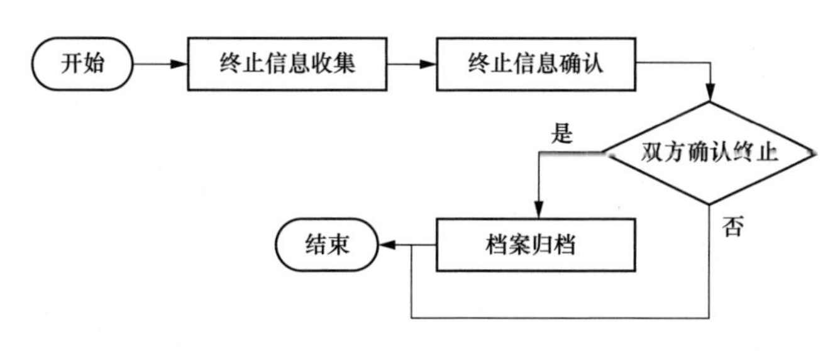

图 4-9　合同终止业务流程

3. 标准作业规范

合同终止标准作业规范见表 4-9。

表 4-9　合同终止标准作业规范

序号	工作事项	工作内容
1	终止信息收集	通过网上国网或营业厅接收客户销户业务受理，收集客户合同终止信息
2	终止信息确认	与客户确认合同终止信息
3	档案归档	通过数字化供电所全业务平台录入合同终止信息，完成档案信息归档

4.6　档案管理

1. 档案管理内容

档案管理工作是对供用电双方在业扩报装、分布式电源并网、用电变更、电费管理、计量管理、用电检查等供用电业务活动中，形成纸质、电子资料的补录、查询、交接、整理、归档、保管、借阅、统计。

2. 档案管理结构

档案管理结构如图 4-10 所示。

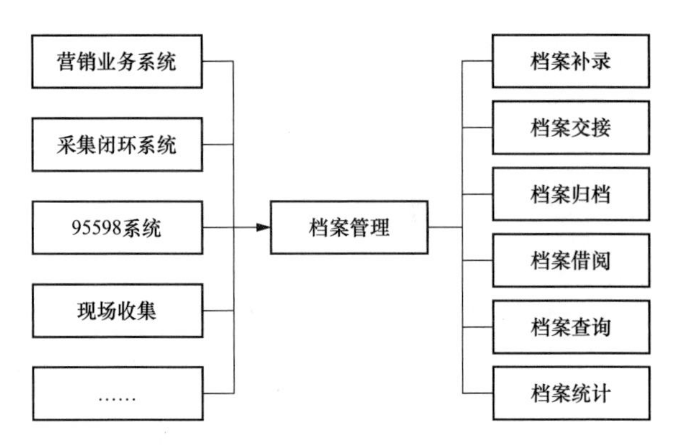

图 4-10　档案管理结构

3. 标准作业规范

档案管理标准作业规范见表 4-10。

表 4-10　　档案管理标准作业规范

序号	工作事项	工作内容
1	档案补录	根据客户档案规范化管理要求，对存量纸质档案、待修正档案或盘点缺失遗漏档案进行补充完善
2	档案交接	因档案管理模式调整（集中、属地）或当前档案室存储满负荷等原因，将客户档案传递至新建管理库房
3	档案归档	内勤人员在业扩接入、计费结算、运行管理、服务体验等各类业务流程中开展档案资料归档
4	档案借阅	内外部档案被申请借阅时所开展的档案借阅审批及手续办理
5	档案查询	按业务类型、档案名称、归档日期等条件对档案进行检索
6	档案统计	根据库存信息及管理要求，对档案数量、状态等情况进行统计分析

4.7　报表管理

1. 业务内容

根据各类报表周期要求，定期从专业系统中获取报表所需数据，按照预设报表模板自动生成报表，经人工审核无误后自动发布。

2. 业务流程

报表管理业务流程如图 4-11 所示。

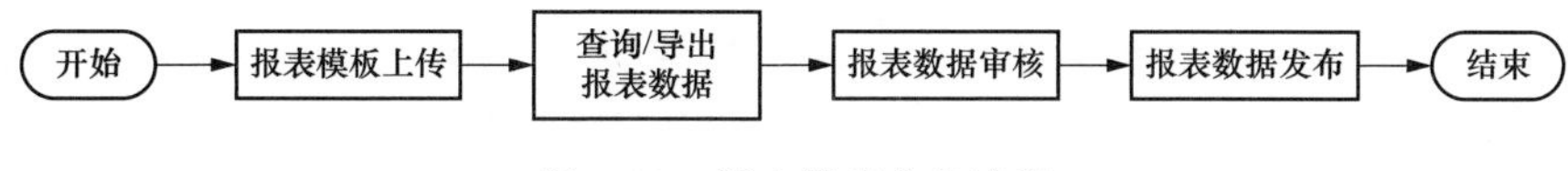

图 4-11　报表管理业务流程

3. 标准作业规范

报表管理标准作业规范见表 4-11。

表 4-11　　报表管理标准作业规范

序号	工作事项	工作内容
1	报表模板上传	通过数字化供电所全业务平台上传供电所核心业务指标模板和各专业固化报表模板
2	查询/导出报表数据	根据供电所核心业务指标模板和各专业固化报表模板，向各专业系统与数据中台获取指标数据和业务数据，完成报表的查询和导出
3	报表数据审核	通过数字化供电所全业务平台，对报表数据信息进行审核
4	报表数据发布	根据报表规则和报表周期，完成报表自动生成和发布

4.8　采集故障研判

1. 业务内容

采集故障研判涵盖采集终端和智能电能表异常研判及远程处理两类业务。内勤人员依据《采集故障研判规则》对常见采集故障（终端离线、终端频繁登录主站、数据采集失败、采集数据时有时无、数据采集错误、事件上报异常等）和常见电能表数据异常（反向电量走字异常、电能表数据倒走或飞走异常、电能表数据停走、电能表数据示值不平等）进行研判处理。根据故障类型和异常研判结果，在数字化供电所全业务平台采用重启终端、重新下发采集参数及任务、更新采集档案、升级终端程序和电能表远程校时等方式进行故障远程处理；需现场整改的，转现场处理流程。

2. 业务流程

采集故障研判业务流程如图 4-12 所示。

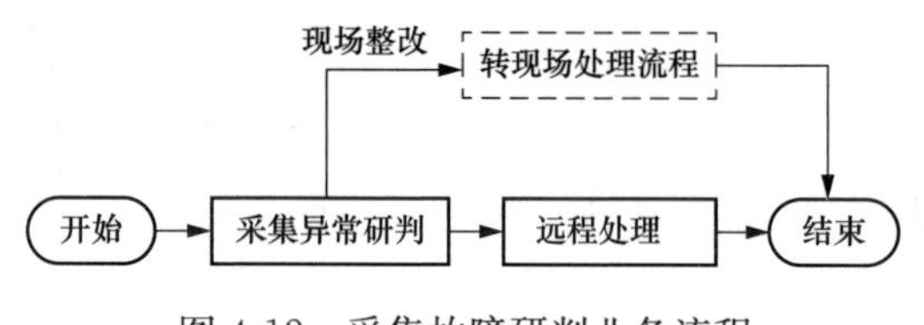

图 4-12　采集故障研判业务流程

3. 标准作业规范

采集故障研判标准作业规范见表 4-12。

表 4-12　　采集故障研判标准作业规范

序号	工作事项	工作内容
1	采集异常研判	通过数字化供电所全业务平台根据采集异常清单对采集异常问题进行研判，需现场处理的，内勤人员发起派工申请
2	远程处理	通过数字化供电所全业务平台对采集异常的设备进行远程处理

4.9　台区线损诊断

1. 业务内容

通过数字化供电所全业务平台监测异常台区线损率值及异常持续天数，对台区线损异常（长期高损、突发高损、长期负损、突发负损、小负损、供电量为零或空值台区、用电量为空值台区共七类）进行诊断。内勤人员根据系统诊断结果，对出现低压台区异常线损的具体原因进行研判。

2. 业务流程

台区线损诊断业务流程如图 4-13 所示。

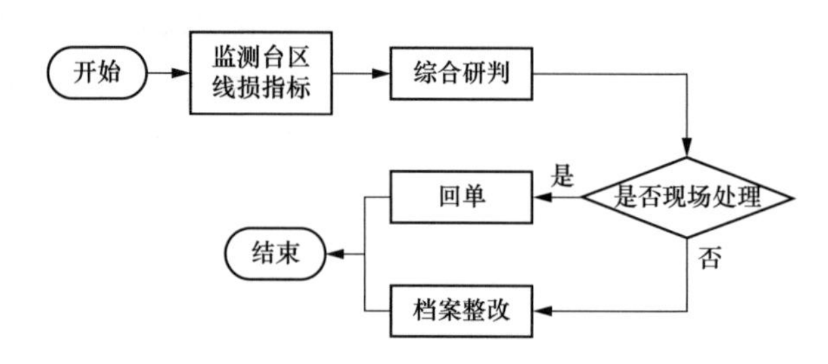

图 4-13　台区线损诊断业务流程

3. 标准作业规范

台区线损诊断标准作业规范见表 4-13。

表 4-13　　台区线损诊断标准作业规范

序号	工作事项	工作内容
1	监测台区线损指标	通过数字化供电所全业务平台查看台区线损指标列表，内容包括采集成功率、采集覆盖率、台区线损异常数、台区线损合格率、经济运行台数
2	综合研判	1. 通过数字化供电所全业务平台查看台区线损异常信息，台区线损异常类型包括长期高损、突发高损、长期负损、突发负损、小负损、供电量为零或空值台区、用电量为空值台区； 2. 根据综合研判规则，对出现低压台区异常线损的具体原因进行研判，需现场处理的，内勤人员发起派工申请
3	档案整改	通过数字化供电所全业务平台依托营销系统、PMS 系统、GIS 系统、用采系统数据对台区线损异常的客户档案，台区采集点、电源点、计量点的一致性进行比对，查看台区线损异常—档案对比分析信息（内容包括户变关系一致性、客户计量点档案、台区供电半径、三相不平衡、光伏发电客户计量点档案、台区总表档案），对数据不一致的，在对应系统进行整改

第 5 章　供电所外勤人员数智作业规范

5.1　低压业扩报装

5.1.1　作业前准备

1. 准备工作安排

根据营销现场作业类型与风险等级对应关系，确定低压业扩风险等级五级，采用低压工作票。

2. 上门服务准备工作

（1）资料查验。接受工作任务，核查客户申请资料、信息的完整性，了解、掌握客户的基本情况、供电需求、负荷特性等业扩报装基本信息。如需要现场收资的，告知客户准备相关资料。

（2）预约联系。预约客户确认现场勘查时间，若需其他部门联合勘查，应提前告知。

（3）准备《低压现场勘查单》《低压电能计量装接单》、现场作业工作卡。

（4）预领表计、采集设备及接户线、表箱等现场装表必备材料。

（5）正确佩戴智能安全帽，保持仪容仪表整洁干净，佩戴好工作证件、着统一工装、穿好绝缘鞋，携带所需工器具。

（6）检查移动作业终端（手机）、背夹、蓝牙打印机，查看工作任务单。

（7）作业前的组织和技术措施参照《安规》要求。

3. 工器具与设备

低压业扩报装工器具与设备见表 5-1。

表 5-1　　　　　　　低压业扩报装工器具与设备

序号	名称	单位	数量	安全要求
1	智能安全帽	顶/人	1	1. 常用工具金属裸露部分应采取绝缘措施，经检验合格，螺丝刀除刀口以外的金属裸露部分应用绝缘胶布包裹； 2. 仪器仪表安全工器具应检验合格，在有效期内； 3. 其他根据现场需求配置
2	绝缘手套	副/人	1	
3	脚扣	副/人	1	
4	安全带	条/人	1	
5	低压作业防护手套	副/人	1	
6	护目镜	只/人	1	
7	个人保安线		1	
8	移动作业终端（手机）、背夹、蓝牙打印机	套	1	
9	照明工具	只/人	1	
10	绝缘测量工具（测距仪、卷尺等）	只	1	
11	工具包	只	1	
12	警示围栏、警示标志	副	1	

4. 风险点分析与预防控制措施

低压业扩报装风险点分析与预防控制措施见表 5-2。

表 5-2　　　　　　　低压业扩报装风险点分析与预防控制措施

分类	现场安全作业关键风险点	预控措施
现场作业	使用不合格的个人防护用品，或使用的防护用品不齐全；进入作业现场未按规定正确穿戴智能安全帽、工作服等	1. 进入作业现场，必须穿全棉长袖工作服、绝缘鞋（靴）、戴智能安全帽，低压作业戴低压作业防护手套； 2. 工作负责人监督工作班成员正确使用劳动防护用品
	擅自操作客户设备	1. 明确产权分界点，加强监护，严禁操作客户设备； 2. 确需操作，则必须由客户专业人员进行
	接触金属表箱前未进行验电	工作前要使用验电笔对金属计量箱、终端箱外壳及金属裸露部分进行验电，确认计量箱外壳可靠接地
	工作人员注意力不集中，未注意地面的沟坑、洞和施工机械，从事与工作无关的事情	工作人员应保持精力集中，注意地面的沟、坑、洞和基建设备等，防止摔伤、碰伤

续表

分类	现场安全作业关键风险点	预控措施
现场作业	误碰带电设备触电，误入运行设备区域触电，误入客户生产危险区域	1. 要求客户方或施工方进行现场安全交底，做好相关安全技术措施，确认工作范围内的设备已停电、安全措施符合现场工作需要，明确设备带电与不带电部位、施工电源供电区域； 2. 工作人员应在客户电气工作人员的带领下进入工作现场，在规定的工作范围内工作，应清楚了解现场危险点、安全措施等情况； 3. 不得随意触碰、操作现场设备，防止触电伤害
	高空抛物	高处作业上下传递物品，不得投掷，必须使用工具袋，通过绳索传递，防止从高空坠落发生事故
	仪器仪表损坏	规范使用仪器仪表，选择合适的量程
	查看带电设备时，安全措施不到位，安全距离不满足，误碰带电设备	1. 现场查看负责人应具备单独巡视电气设备资格； 2. 进入带电设备区，现场勘查工作至少两人共同进行，实行现场监护； 3. 勘查人员应掌握带电设备的位置，与带电设备保持足够安全距离，注意不要误碰、误动、误登运行设备
	特殊作业区域未做好个人防护	1. 根据作业区域的不同，采取不同防护等级的防护用品； 2. 原则上不进入隔离病区等区域，如进入须在专业的医务人员指导下穿戴防护用品，严格执行防护措施

5.1.2 作业流程

低压业扩报装作业流程如图 5-1 所示。

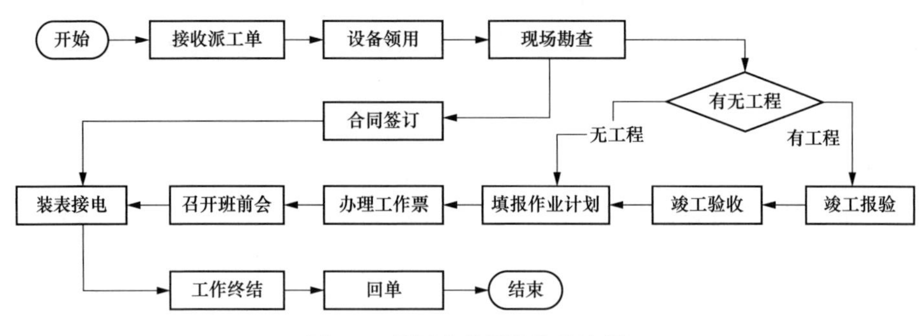

图 5-1 低压业扩报装作业流程

5.1.3　作业规范

1. 接收派工单

通过移动作业终端签收低压业扩报装工单。

2. 设备领用

通过门禁识别进入数字库房（移动仓、智能周转柜），领取相应的作业工器具和计量设备。

3. 现场勘查

（1）现场与客户确定电源接入点、计量方案、计费方案，在移动作业终端一键生成供电方案和《低压现场勘查单》，提交管理人员进行审批。

（2）供电方案审批后，在移动作业终端上自动生成《供电方案答复单》。

（3）现场辅助客户在移动作业终端上完成供电方案确认，在《供电方案答复单》上完成电子签名。

4. 合同签订

（1）通过移动作业终端制定《供用电合同》，提交管理人员审核。

（2）现场辅助客户在移动作业终端上完成供用电合同确认，在《供用电合同》上完成电子签名，使用蓝牙打印机现场打印《供用电合同》交客户留存。

5. 竣工报验（如涉及配套工程）

如涉及配套工程，现场辅助客户在移动作业终端上提交竣工报验申请及相关资料（或由客户通过“网上国网”提交），自动生成《受电工程竣工验收登记表》。

6. 竣工验收（如涉及配套工程）

（1）组织相关部门对客户提供的竣工资料和受电工程进行全面检查、验收。

（2）通过移动作业终端填写竣工验收意见、缺陷内容、整改情况等信息，自动生成《受电工程竣工验收单》。

7. 填报作业计划

通过移动作业终端填写作业任务内容、设置风险等级等信息。

8. 办理工作票

（1）通过移动作业终端办理工作票，选择工作票类型、负责人等信息，生成《低压工作票》和《现场作业工作卡》。

（2）工作票签发人签发工作票。

（3）工作许可人对本次工作进行许可。

9. 召开班前会

（1）布置现场安全措施（警示围栏、警示标志等）。

（2）组织班组成员召开班前会，宣读安全措施，在移动作业终端上传班前会召开过程的录音和照片，班组成员完成电子签名。

10. 装表接电

（1）安装计量箱、计量装置及相关配电设备。

（2）核验计量装置及配电设施，确认具备带电条件。

（3）通过移动作业终端扫描计量设备资产编号，利用背夹抄读电能表示数，自动生成《低压电能计量装接单》。

（4）通过移动作业终端关联采集终端和电能表，开展“一键调试”。

（5）通过移动作业终端获取计量箱当前坐标信息，自动维护空间拓扑信息。

（6）现场辅助客户通过移动作业终端确认电能表示数及封印完好，在《低压电能计量装接单》上完成电子签名。

11. 工作终结

（1）作业完毕清理现场，拆除现场安全措施。

（2）通过移动作业终端办理工作票终结手续。

12. 回单

通过移动作业终端填报低压业扩工作完成情况，完成回单。

5.2　高压业扩报装

5.2.1　作业前准备

1. 准备工作安排

根据营销现场作业类型与风险等级对应关系，高压新装现场勘查，风险等级为五级，宜采用现场作业工作卡；高压增容现场勘查，风险等级为五级，宜采用现场作业工作卡；高压业扩中间检查，风险等级为五级，宜采用现场作业工作卡；高压业扩报装竣工验收，风险等级为五级，宜采用现场作业工作卡或配电第二种工作票；高压业扩报装（停）送电，风险等级为五级，宜采用现场作业工作卡或配电第一种工作票。

2. 上门服务准备工作

（1）现场勘查。

1）核对客户申请资料。根据接受的检查任务，核查客户申请资料、信息的完整性，若有问题应准备收资清单。了解、掌握客户的基本情况、供电需求、负荷特性等业扩报装基本信息。

2）电源方案辅助设计。根据客户报装地址，预先了解现场供电条件、配电网结构等，开展电源方案辅助设计。

3）预约联系。提前与客户预约时间，告知勘查项目、应配合的工作和该环节需提供的缺件资料，规划好查勘路线，若需其他部门联合检查时，应提前告知。

4）根据工作需要，准备现场勘查单、现场作业工作卡。

5）正确佩戴好智能安全帽，保持仪容仪表整洁干净，佩戴好工作证件、着统一工装、穿好绝缘鞋，携带所需工器具。

6）检查移动作业终端（手机）、背夹、蓝牙打印机，查看工作任务单。

7）作业前的组织和技术措施参照《安规》要求。

（2）中间检查。

1）资料查验。应根据接受的检查任务，核查客户中间检查报验资料的完整性，若有问题应准备收资清单。

2）预先审查（了解）所要检查地点的受电工程、配套外部工程的进展情况。

3）预约联系。提前与客户预约时间，告知检查项目、应配合的工作和该环节需提供的缺件资料，规划好查勘路线，若需其他部门联合检查时，应提前告知。

4）准备检查单、工作票（作业卡）。打印或填写客户受电工程中间检查意见单、客户受电工程中间检查作业卡、现场作业工作卡。

5）正确佩戴好智能安全帽，保持仪容仪表整洁干净，佩戴好工作证件、着统一工装、穿好绝缘鞋，携带所需工器具。

6）检查移动作业终端（手机）、背夹、蓝牙打印机，查看工作任务单。

7）作业前的组织和技术措施参照《安规》要求。

（3）竣工检验。

1）资料查验。应根据接受的检验任务，核查客户竣工资料的完整性。若有问题应准备收资清单。

2）预约联系。提前与客户预约时间，告知检查项目、应配合的工作和该环节需提供的缺件资料，规划好查勘路线，若需其他部门联合检查时，应提前告知。

3）准备图纸、检验单、作业卡。打印或填写客户受电工程竣工检验意见单，根据工作需要，打印或填写现场作业工作卡或配电第二种工作票。

4）若竣工复验，需提前审核客户提交的相关整改资料，汇总前期验收意见，再次打印《客户受电工程竣工检验意见单》。

5）正确佩戴好智能安全帽，保持仪容仪表整洁干净，佩戴好工作证件、着统一工装、穿好绝缘鞋，携带所需工器具。

6）检查移动作业终端（手机）、背夹、蓝牙打印机，查看工作任务单。

7）作业前的组织和技术措施参照《安规》要求。

（4）送电。

1）资料查验。应根据接受的送电任务，核查客户所有资料的完整性。若有问题应准备收资清单。

2）检查实施送电的必备条件是否全部符合。

3）预约联系。提前与客户预约时间，告知送电项目、在送电前应完成的准备工作、注意事项及安全措施和外勤人员缺件资料。

4）准备图纸、检验单、作业卡。打印或填写新装（增容）送电单，根据工作需要，打印或填写现场作业工作卡或配电第一种工作票。

5）作业前应正确佩戴好智能安全帽，保持仪容仪表整洁干净，佩戴好工作证件、着统一工装、穿好绝缘鞋，携带所需工器具。

6）检查移动作业终端（手机）、背夹、蓝牙打印机，查看工作任务单。

7）作业前的组织和技术措施参照《安规》要求。

3. 工器具与设备

高压业扩报装工器具与设备见表5-3。

表5-3　高压业扩报装工器具与设备

序号	名称	单位	数量	安全要求
1	智能安全帽	顶/人	按需配置	1. 仪器仪表安全工器具应检验合格，在有效期内； 2. 其他根据现场需求配置
2	绝缘手套	副/人	按需配置	
3	绝缘靴		按需配置	
4	接地线		按需配置	
5	验电笔		按需配置	
6	警示围栏、警示标志		按需配置	
7	低压作业防护手套	副	按需配置	
8	移动作业终端（手机）、背夹、蓝牙打印机	套	1	
9	照明工具	只/人	按需配置	
10	绝缘测量工具（水平尺、测距仪、卷尺等）	只	按需配置	
11	工具包	只	按需配置	

4. 风险点分析与预防控制措施

高压业扩报装风险点分析与预防控制措施见表5-4。

表5-4　高压业扩报装风险点分析与预防控制措施

序号	分类	现场安全作业关键风险点	预控措施
1	通用部分	供电电源配置与客户负荷重要性不相符	提高业扩查勘质量，严格审核客户用电需求、负荷特性、负荷重要性、生产特性、用电设备类型等，掌握客户用电规划
		供电线路容量不能满足客户用电负荷需求	根据客户负荷等级分类，尤其是重要客户，要严格按照《国家电网公司业扩供电方案编制导则（试行）》等相关规定来制定供电方案
		特殊客户（谐波源、冲击性负荷）的供电电压、接入点、继电保护方式选择不合理	非线性客户要求其进行电能质量评估，整治方案和措施必须做到“四同步”

续表

序号	分类	现场安全作业关键风险点	预控措施
1	通用部分	未向重要客户提供双电源供电方案，重要客户未配备电与非电性质的保安措施	内部要建立供电方案审查的相关制度，规范供电方案的审查工作
		使用不合格的个人防护用品，或使用的防护用品不齐全；进入作业现场未按规定正确穿戴智能安全帽、工作服等	1. 进入作业现场，必须穿全棉长袖工作服、绝缘鞋（靴）、戴智能安全帽； 2. 工作负责人监督工作班成员正确使用劳动防护用品
		擅自操作客户设备	1. 明确产权分界点，加强监护，严禁操作客户设备； 2. 确需操作，必须由客户专业人员进行
		接触金属表箱前未进行验电	工作前要使用验电笔对金属计量箱、终端箱外壳及金属裸露部分进行验电，确认计量箱外壳可靠接地
		工作人员注意力不集中，未注意地面的沟坑、洞和施工机械，从事与工作无关的事情	工作人员应保持精力集中，注意地面的沟、坑、洞和基建设备等，防止摔伤、碰伤
		客户业扩报装资料保管不当，导致业扩报装各环节的资料不完整	1. 制定客户纸质档案管理办法，配备专职人员或兼职人员，严格按照档案管理要求，规范完整保管业扩报装过程中形成的营业资料； 2. 营销业务应用中的客户信息须与客户纸质档案相一致； 3. 客户档案实现“一户一档”机制
		误碰带电设备触电，误入运行设备区域触电、客户生产危险区域	1. 要求客户方或施工方进行现场安全交底，做好相关安全技术措施，确认工作范围内的设备已停电、安全措施符合现场工作需要，明确设备带电与不带电部位、施工电源供电区域； 2. 工作人员应在客户电气工作人员的带领下进入工作现场，在规定的工作范围内工作，应清楚了解现场危险点、安全措施等情况； 3. 不得随意触碰、操作现场设备，防止触电伤害
		高空抛物	高处作业上下传递物品，不得投掷，必须使用工具袋，通过绳索传递，防止从高空坠落发生事故
		仪器仪表损坏	规范使用仪器仪表，选择合适的量程
2	现场勘查	查看带电设备时，安全措施不到位，安全距离不满足安规要求，误碰带电设备	1. 进入带电设备区现场勘查工作至少两人共同进行，严格履行现场监护制度，严禁移开或越过遮栏，严禁操作客户设备； 2. 勘查人员应掌握带电设备的位置，与带电设备保持足够安全距离，注意不要误碰、误动、误登运行设备； 3. 客户设备状态不明时，均应视为带电设备； 4. 不得进行与现场勘查无关的工作

续表

序号	分类	现场安全作业关键风险点	预控措施
2	现场勘查	对客户的特殊负荷识别不准确	1. 提高业扩查勘质量，严格审核客户用电需求、负荷特性、负荷重要性、生产特性、用电设备类型等，掌握客户用电规划； 2. 全面、详细了解客户的生产过程和工艺，掌握客户的负荷特性。根据客户负荷等级分类，严格按照《供电营业规则》《国家电网公司业扩供电方案编制导则》等相关规定执行； 3. 对有非线性负荷的客户要求其进行电能质量评估，整治方案和措施必须做到“四同步”； 4. 对电能质量有特殊要求的客户，客户应配备相应设备
		特殊作业区域未做好个人防护	1. 根据作业区域的不同，采取不同的防护等级； 2. 原则上不进入隔离病区等区域，如进入须在专业的医务人员指导下穿戴防护用品，严格执行防护措施
3	中间检查	对隐蔽工程实施检查时，对高空落物、地面孔（洞）及锐物等危险点防护不到位	1. 进入现场施工区域，必须穿工作服、戴智能安全帽，携带必要照明器材； 2. 需攀登梯子时，要落实防坠落措施，在有效的监护下进行； 3. 注意观察现场孔（洞）及锐物，人员相互提醒，防止踏空、扎伤； 4. 不得在高空落物区通行或逗留
		误入高压试验等施工作业危险区域	1. 要求客户（或客户业扩工程施工单位）在危险区域按规定设置警示围栏； 2. 检查人员不得擅自进入试验现场设置的警示围栏内
		误碰带电设备触电、误入运行设备区域触电、客户生产危险区域	1. 中间检查工作至少两人共同进行； 2. 要求客户方或施工方进行现场安全交底，做好相关安全技术措施，确认工作范围内的设备已停电、安全措施符合现场工作需要，明确设备带电与不带电部位、施工电源供电区域； 3. 应注意现场警示标志，掌握带电设备的位置，与带电设备保持足够安全距离，注意不要误碰、误动、误登运行设备； 4. 不得进行与中间检查无关的工作
		未对检查发现的现场安装设备、接线方式与设计图纸不符等情况提出整改意见	1. 检查前再次研究已答复的供电方案和经审查的初步设计，确定重点检查内容； 2. 事先了解客户业扩工程的进展情况和施工单位的质量管理情况，拟定检查的关键点； 3. 业扩中间检查时发现的隐患，及时出具书面整改意见，督导客户落实整改措施

续表

序号	分类	现场安全作业关键风险点	预控措施
3	中间检查	对中间检查发现问题的整改情况监督、落实不到位	1. 对中间检查发现问题逐个登记，分析其严重程度； 2. 对影响客户安全运行的，应通过问题跟踪和检查验证的方式，督促客户整改； 3. 明确告知客户，只有中间检查合格后方可进行后续工程施工，形成闭环管理。否则，供电企业对工程进行竣工检验
		乱扔烟蒂引发责任性火灾	1. 检查人员严禁在禁烟区吸烟； 2. 发现其他人员吸烟的，应予以当场制止
4	竣工检验	检验组织者未交代检验范围、带电部位和安全注意事项	1. 现场负责人对工作现场进行统一安全交底，交代检验范围、带电部位和安全注意事项； 2. 验收人员应注意现场警示标志，与运行设备保持足够的安全距离
		查看带电设备时，安全措施不到位，安全距离不满足，误碰带电设备	1. 竣工检验工作至少两人共同进行； 2. 竣工检验人员应掌握带电设备的位置，与带电设备保持足够安全距离，注意不要误碰、误动、误登运行设备
		误碰带电设备、误入客户生产危险区域	1. 要求客户方或施工方进行现场安全交底，做好相关安全技术措施； 2. 确认工作范围内的设备已停电、安全措施符合现场工作需要； 3. 明确设备带电与不带电部位、施工电源供电区域； 4. 检验时需碰及电气一次设备必须采取验电措施
		未对检验发现的现场安装设备、接线方式与设计图纸不符等情况提出整改意见	1. 检查前再次研究已答复的供电方案和经审查的初步设计，确定重点检查内容； 2. 逐个核实中间检查发现问题的整改记录和现场情况； 3. 检查时发现的隐患，及时出具书面整改意见，督导客户落实整改措施
		对竣工检验发现问题的整改情况监督、落实不到位	1. 对发现问题逐个登记，分析其严重程度； 2. 对影响客户安全运行的，应通过问题跟踪和检查验证的方式，督促客户整改； 3. 明确告知客户，只有复验合格后方允许接入电网
		多专业、多班组工作协调配合不到位出现组织措施、技术措施缺失或不完整	1. 涉及多专业、多班组参与的项目，由竣工检验现场负责人牵头，由各相关专业技术人员参加，成立检验小组，明确各专业的职责； 2. 现场负责人对工作现场进行统一安全交底，再次明确职责，各专业负责落实相关安全措施和责任，现场负责人应做好现场协调工作； 3. 现场工作必须由客户方或施工方熟悉环境和电气设备的人员配合进行

续表

序号	分类	现场安全作业关键风险点	预控措施
5	送电	多专业、多班组工作协调配合不到位出现组织措施、技术措施缺失或不完整	1. 涉及多专业、多班组参与的项目，由送电现场负责人牵头，各相关专业技术人员参加，确定现场总指挥，成立工作小组，拟定接（送）电方案，接（送）电方案应事先告知参加人员； 2. 现场负责人对工作现场进行统一安全交底，再次明确职责，各专业负责落实相关安全措施和责任，现场负责人应做好现场协调工作； 3. 现场工作必须由客户方或施工方熟悉环境和电气设备的人员配合进行； 4. 35 千伏及以上业扩工程，应成立启动委员会，制定启动方案，按规定执行；35 千伏以下双电源、配有自备应急电源和客户设备部分运行的项目，应制定切实可行的投运启动方案；所有高压受电工程接电前，必须明确投运现场负责人，由现场负责人组织各相关专业技术人员参加，成立投运工作小组；由现场负责人组织开展安全交底和安全检查，明确职责，各专业分别落实相关安全措施，向负责人确认设备具备投运条件； 5. 不得进行与竣工验收及送电无关的工作
		双（多）电源切换装置或不并网自备电源闭锁不可靠	1. 双（多）电源之间必须正确装设切换装置和可靠的联锁装置； 2. 对断路器进行试跳、接电时进行核相，确保在任何情况下，均无法向电网倒送电； 3. 检查电源切换的逻辑关系是否正确
		客户工程未竣工检验或检验不合格即送电	1. 未经检验或检验不合格的客户受电工程，严禁接（送电）； 2. 发现未经检验或检验不合格但已擅自送电的客户受电工程，必须立即上报，经公司领导批准后采取停电措施
		工作现场清理不到位，安全措施未解除，未达到投运条件	1. 送电前应先对临时电源进行销户，拆除与供电电源点的一次连接线； 2. 送电前，应认真检查设备状况，有无遗漏安全措施未拆除，确保现场检查到位
		未正确核对客户受电设备状态进行停（送）电	严格履行客户设备送电程序，严禁新设备擅自投运或带电
		未严格执行投运启动方案	1. 送电前必须核对设备命名； 2. 严格执行投运启动方案，按调度指令项执行； 3. 不得擅自简化启动方案环节

5.2.2 作业流程

高压业扩报装作业流程如图 5-2 所示。

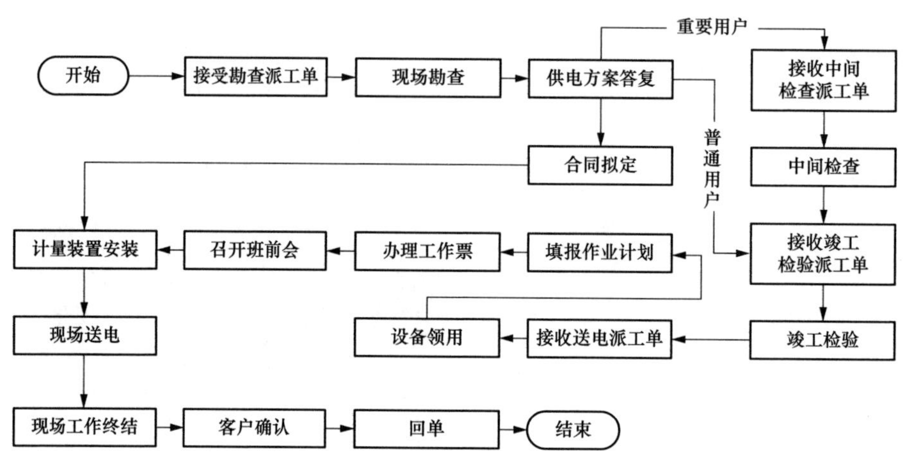

图 5-2 高压业扩报装作业流程

5.2.3 作业规范

1. 接收勘查派工单

通过移动作业终端签收现场勘查工单。

2. 现场勘查

（1）现场与客户确定受电容量、供电电压、供电电源点数量、电源接入方案、计量方案、计费方案。

（2）通过移动作业终端，根据现场实际勘查情况在 GIS 地图上绘制出供电方案草图，依据现场所需要的工程类型计算出对应的费用概算。

（3）通过移动作业终端，根据现场勘查结果确定客户的报装信息、电源点信息、受电点信息和计量点等相关信息，进行意见汇总，回填至对应的方案信息，自动生成最终供电方案和《高压现场勘查单》，提交管理人员进行审批。

3. 供电方案答复

（1）供电方案审批后，移动作业终端自动生成《供电方案答复单》。

（2）现场辅助客户通过移动作业终端完成供电方案确认，在《供电方案答复单》上完成电子签名。

4. 合同拟定

通过移动作业终端生成支持对合同中部分用户信息进行修改增加合同中的特别约定的带电子签章的电子版《高压供用电合同》提交管理人员审核。

5. 接收（中间检查）派工单

通过移动作业终端签收中间检查工单。

6. 中间检查

（1）现场检查施工企业、试验单位是否符合相关资质要求，重点检查涉及电网安全的隐蔽工程施工工艺、计量相关设备选型等项目。

（2）通过移动作业终端填写中间检查意见、缺陷内容、整改情况等信息，自动生成《中间检查意见单》。

7. 接收竣工检验派工单

通过移动作业终端签收竣工检验工单，查看客户详细信息。

8. 竣工检验

（1）按照国家、行业标准、规程和客户竣工报验资料，对受电工程涉网部分进行全面检验。

（2）通过移动作业终端填写竣工验收意见、缺陷内容、整改情况等信息，自动生成《客户受电工程竣工检验意见单》。

9. 接收（送电）派工单

通过移动作业终端签收送电工单。

10. 设备领用

通过门禁识别进入数字库房（移动仓、智能周转柜），领取相应的作业工器具和计量设备。

11. 填报作业计划

通过移动作业终端填写作业任务内容、设置风险等级等信息。

12. 办理工作票

（1）通过移动作业终端办理工作票，选择工作票类型、负责人等信息，生成《配电第一种工作票》或《现场作业工作卡》。

（2）工作票签发人签发工作票。

（3）工作许可人对本次工作进行许可。

13. 召开班前会

（1）布置现场安全措施（警示围栏、警示标志等）。

（2）组织班组成员召开班前会，宣读安全措施，在移动作业终端上传班前会召开过程的录音和照片，班组成员完成电子签名。

14. 计量装置安装

（1）现场根据高压计量装置装拆标准化作业指导书安装电能表、互感器。

（2）现场根据专变采集终端装拆及验收标准化作业指导书安装专变采集终端。

15. 现场送电

（1）检查待送电设备，具备现场送电条件后送电。

（2）送电后检查，全面检查一次设备的运行状况，核对一次相位、相序，检查电能计量装置、现场服务终端，运转、通信是否正常，相序是否正确。

（3）使用移动作业终端扫描计量设备资产编号，利用背夹抄读电能表示数，自动生成《高压电能计量装接单》。

（4）通过移动作业终端关联采集终端和电能表，开展“一键调试”。

（5）通过移动作业终端录入送电意见、送电日期等信息，自动生成《新装（增容）送电单》。

16. 现场工作终结

（1）作业完毕清理现场，拆除现场安全措施。

（2）通过移动作业终端办理工作票终结手续。

17. 客户确认

现场辅助客户通过移动作业终端确认电能表、互感器、封印、送电信息等，在《高压电能计量装接单》《新装（增容）送电单》上完成电子签名。

18. 回单

通过移动作业终端填写高压业扩工作完成情况，完成回单。

5.3　分布式光伏并网

5.3.1　作业前准备

1. 准备工作安排

根据营销现场作业类型与风险等级对应关系，分布式电源现场勘查，风险等级为五级，宜采用现场作业工作卡；分布式电源并网验收调试，风险等级为五级，宜采用现场作业工作卡或低压工作票。

2. 上门服务准备工作

（1）核对客户申请资料。接受工作任务后，应核查客户申请资料、信息的完整性，了解、掌握客户的基本情况、供电需求、负荷特性等业扩报装基本信息。如需要现场收资的，告知客户准备相关资料。

（2）预约联系。与客户沟通确认现场勘查时间，若需其他部门联合勘查时，应提前告知。

（3）准备《低压现场勘查单》《低压电能计量装接单》、现场作业工作卡。

（4）预领表计、采集设备及接户线、表箱等现场装表必备材料。

（5）正确佩戴智能安全帽，保持仪容仪表整洁干净，佩戴好工作证件、着统一工装、穿好绝缘鞋，携带所需工器具。

（6）检查移动作业终端（手机）、背夹、蓝牙打印机，查看工作任务单。

（7）作业前的组织和技术措施参照《安规》要求。

3. 工器具与设备

分布式光伏并网工器具与设备见表 5-5。

表 5-5　　分布式光伏并网工器具与设备

序号	名称	单位	数量	安全要求
1	钢丝钳	把	按需配置	1. 常用工具金属裸露部分应采取绝缘措施，经检验合格，螺丝刀除刀口以外的金属裸露部分应用绝缘胶布包裹； 2. 仪器仪表安全工器具应检验合格，在有效期内； 3. 其他根据现场需求配置
2	斜口钳	把	按需配置	
3	剥线钳	把	按需配置	
4	电工刀	把	按需配置	
5	扳手	把	按需配置	
6	卷尺	把	按需配置	
7	螺丝刀	把	按需配置	
8	手电钻	把	按需配置	
9	验电器	支	按需配置	
10	万用表	台	按需配置	
11	泄漏电流钳形表	台	按需配置	
12	测距仪	台	按需配置	
13	接线板	只	按需配置	
14	照明工具	台	按需配置	
15	记号笔	支	按需配置	
16	登高工具	套	按需配置	
17	智能安全帽	顶/人	1	
18	护目镜	副/人	1	
19	低压作业防护手套	副/人	1	
20	绝缘鞋	双/人	1	
21	纯棉长袖工作服	套/人	1	
22	双控背带式安全带	副	按需配置	

4. 风险点分析与预防控制措施

分布式光伏并网风险点分析与预防控制措施见表 5-6。

表 5-6　　分布式光伏并网风险点分析与预防控制措施

序号	分类	现场安全作业关键风险点	预控措施
1	人身触电与伤害	误碰带电设备	1. 在电气设备上作业时，应将未经验电的设备视为带电设备； 2. 在高、低压设备上工作，应至少由两人进行，完成保证安全的组织措施和技术措施； 3. 工作人员应正确使用合格的安全绝缘工器具和个人劳动防护用品； 4. 高、低压设备应根据工作票所列安全要求，落实安全措施；涉及停电作业的应实施停电、验电、挂接地线、悬挂标示牌后方可工作；工作负责人应会同工作票许可人确认停电范围、断开点、接地、标示牌正确无误；工作负责人在作业前应要求工作票许可人当面验电，必要时工作负责人还可使用自带验电器（笔）重复验电； 5. 工作票许可人应指明作业现场周围的带电部位，工作负责人确认无倒送电的可能； 6. 应在作业现场装设临时遮栏，将作业点与邻近带电间隔或带电部位隔离。作业中应保持与带电设备的安全距离； 7. 严禁工作人员未履行工作许可手续擅自开启电气设备柜门或操作电气设备； 8. 严禁在未采取任何监护措施和保护措施情况下现场作业
		电源误碰	1. 工作负责人对工作班成员应进行安全教育，作业前对工作班成员进行危险点告知，明确带电设备位置，交代工作地点及周围的带电部位及安全措施和技术措施，履行确认手续； 2. 相邻有带电间隔和带电部位，必须装设临时遮栏，设专人监护。在工作地点设置“在此工作”标示牌； 3. 核对装拆工作单与现场信息是否一致
		停电作业发生倒送电	1. 工作负责人应会同工作票许可人现场确认作业点已处于检修状态，使用高压验电器确无电压； 2. 确认作业点安全隔离措施，各方面电源、负载端必须有明显断开点； 3. 确认作业点电源、负载端均已装设接地线，接地点可靠； 4. 自备发电机只能作为试验电源或工作照明，严禁接入其他电气回路
		电能表箱、终端箱、电动工具漏电	1. 电动工具应检测合格，在合格期内，金属外壳必须可靠接地，工作电源装有漏电保护器； 2. 工作前应用验电笔对金属电能表箱、终端箱进行验电，检查电能表箱、终端箱接地是否可靠； 3. 如需在电能表、终端 RS-485 口进行工作，工作前应先对电能表、终端 RS-485 口进行验电
		作业方式不当触电	1. 带电作业须断开负荷侧断路器，避免带负荷装拆； 2. 工作前应确认接地保护范围，作业人员禁止擅自移动或拆除接地线，防止检修设备突然来电或感应电

续表

序号	分类	现场安全作业关键风险点	预控措施
1	人身触电与伤害	电弧灼伤	1. 工作中使用的工具，其外裸的导电部位应采取绝缘措施，防止操作时相间或相对地短路； 2. 低压带电作业时，工作人员应穿绝缘鞋和全棉长袖工作服，戴手套、智能安全帽和护目镜，站在干燥的绝缘物上进行； 3. 低压带电作业时禁止使用锉刀、金属尺和带有金属物的毛刷、毛掸等工具；做好防止相间短路产生弧光的措施
		接户线带电作业差错	1. 正确选择攀登线路，搭接导线时先接中性线，后接相线，拆除顺序相反，人体不得同时接触两根线头； 2. 应设专责监护人
2	高空坠落	使用不合格登高用安全工器具	按规定对各类登高用工器具进行定期试验和检查，确保使用合格的工器具
		绝缘梯使用不当、未按规定使用双控背带式安全带	1. 使用前检查梯子的外观，以及编号、检验合格标识，确认符合安全要求； 2. 应派专人扶持，防止绝缘梯滑动； 3. 梯子应有防滑措施，使用单梯工作时，梯子与地面的斜角度为60°左右，梯子不得绑接使用，人字梯应有限制开度的措施，人在梯子上时，禁止移动梯子； 4. 高处作业上下传递物品，不得投掷，必须使用工具袋，通过绳索传递，防止从高空坠落发生事故； 5. 高空作业应按规定使用双控背带式安全带
3	防孤岛保护失效	由于并网逆变器、并网专用开关防孤岛保护功能故障或失效，在并入中低压配电网停电检修的区域内可能有“孤岛”运行的电源点存在，造成“倒送电”，进而威胁电网检修人员人身安全	光伏电源并网设备运行及维护的安全要求如下。 1. 严控并网逆变器调试验收，并网逆变器调试验收应由具备相应资质的单位进行，规范并网接口功能，严格测试把关，防止“倒送电”； 2. 严控并网点开断设备安全隔离，对高压接入的分布式光伏，应检查并网点开断设备具有明显断开点，电网侧应能可靠接地；对低压接入的分布式光伏，应检查并网点开断设备具有明显开断指示，具备低电压保护功能，必要时还需采取其他安全技术措施； 3. 安装反“孤岛”保护装置，针对分布式光伏可能出现的“孤岛”运行状态，在配变光伏发电系统送出线路电网侧低压母线处安装反“孤岛”保护装置； 4. 严格执行安全措施要求，做好停电验电状态核对，作业前核实作业范围内是否有分布式光伏，是否落实有关停电措施，验明作业地点是否有电、核对状态，采取相应的安全措施； 5. 落实检修现场安全措施，由分布式光伏供电的设备，在检修安排、安措布置和倒闸操作中应按带电设备处理，在有分布式光伏接入的配电网开展停电作业时，应严格执行“两票三制”，严格落实《国家电网公司电力安全工作规程（配电部分）》所要求的停电、验电、接地等技术措施，确保可靠隔离

续表

序号	分类	现场安全作业关键风险点	预控措施
4	其他伤害	作业行为不规范	1. 注意剥削导线时不要伤手，操作中要正确使用剥线、断线工具。使用电工刀时刀口应向外，要紧贴导线 45°左右切削； 2. 配线时不让线划脸、划手； 3. 使用仪表时应注意安全，避免触电、烧表伤害和电弧灼伤； 4. 使用有绝缘柄的工具，必须穿长袖工作服，接电时戴好绝缘手套； 5. 作业前认真检查周边环境，发现影响作业安全的情况时应做好安全防护措施； 6. 正确使用、规范填写电能计量装置装接作业票

5.3.2　作业流程

分布式光伏并网作业流程如图 5-3 所示。

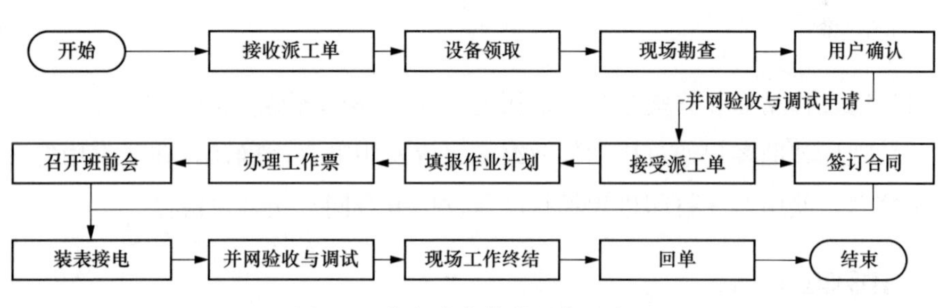

图 5-3　分布式光伏并网作业流程

5.3.3　作业规范

1. 接收派工单

通过移动作业终端签收分布式光伏并网现场勘查工单。

2. 设备领用

通过门禁识别进入数字库房（移动仓、智能周转柜），领取相应的作业工器具和计量设备。

3. 现场勘查

（1）现场与客户确定电源接入点、计量方案、计费方案，在移动作业终端一键生成供电方案和《低压现场勘查单》。

（2）管理人员完成供电方案审批后，移动作业终端自动生成《接入系统方案答复单》。

（3）现场辅助客户通过移动作业终端完成供电方案确认，在《接入系统方案答复单》上完成电子签名。

4. 客户确认

客户通过网上国网对接入方案进行确认，项目完成后客户提出并网验收与调试申请。

5. 接收派工单

通过移动作业终端签收并网验收与调试工单。

6. 合同签订

（1）通过移动作业终端制定《发用电合同》，提交管理人员审核。

（2）现场辅助客户通过移动作业终端完成发用电合同确认，在《发用电合同》上电子签名，使用蓝牙打印机现场打印《发用电合同》交客户留存。

7. 填报作业计划

通过移动作业终端填写作业任务内容、设置风险等级等信息。

8. 办理工作票

（1）通过移动作业终端办理工作票，选择工作票类型、负责人等信息，生成《低压工作票》和《现场作业工作卡》。

（2）工作票签发人签发工作票。

（3）工作许可人对本次工作进行许可。

9. 召开班前会

（1）布置现场安全措施（警示围栏、警示标志等）。

（2）组织班组成员召开班前会，宣读安全措施，在移动作业终端上传班前会召开过程的录音和照片，班组成员完成电子签名。

10. 装表接电

（1）安装计量箱、计量装置及相关配电设备。

（2）核验计量装置及配电设施，确认具备带电条件。

（3）使用移动作业终端扫描计量设备资产编号，利用背夹抄读电能表示数，自动生成《低压电能计量装接单》。

（4）通过移动作业终端关联采集终端和电能表，开展“一键调试”。

（5）使用移动作业终端获取计量箱当前坐标信息，自动维护空间拓扑信息。

（6）现场辅助客户通过移动作业终端确认电能表的示数及封印完好，在《低压电能计量装接单》上完成电子签名。

11. 并网验收与调试

组织并网验收与调试，通过移动作业终端完成验收单的填写与回传。

12. 现场工作终结

（1）作业完毕清理现场，拆除现场安全措施。

（2）通过移动作业终端办理工作票终结手续。

13. 回单

通过移动作业终端填写分布式光伏并网工作完成情况，完成回单。

5.4　低压电能计量装置装拆

5.4.1　作业前准备

1. 准备工作安排

根据营销现场作业类型与风险等级对应关系，低压计量装置故障处理风险等级为四级，宜采用低压工作票。

2. 上门服务准备工作

（1）预约联系。提前与客户联系，预约现场作业时间。

（2）根据工作内容准备所需试验设备、工器具，检查是否符合实际要求。

（3）正确佩戴智能安全帽，保持仪容仪表整洁干净，佩戴好工作证件、着统一工装、穿好绝缘鞋。

（4）检查移动作业终端（手机）、背夹、蓝牙打印机，查看工作任务单。

（5）作业前的组织和技术措施参照《安规》要求。

3. 工器具与设备

计量装置故障装拆工器具与设备见表 5-7。

表 5-7　　计量装置故障装拆工器具与设备

序号	名称	单位	数量	安全要求
1	螺丝刀组合	套	按需配置	1. 常用工器具金属裸露部分应采取绝缘措施，经检验合格；螺丝刀除刀口以外的金属裸露部分应用绝缘胶布包裹；
2	电工刀	把	按需配置	
3	钢丝钳	把	按需配置	
4	斜口钳	把	按需配置	
5	尖嘴钳	把	按需配置	
6	扳手	套	按需配置	
7	电钻	把	按需配置	
8	电源盘	只	按需配置	
9	验电笔（器）	只	按需配置	
10	钳形万用表	只	按需配置	
11	绝缘梯	部	按需配置	
12	护目镜	副/人	1	
13	登高板	副	按需配置	
14	双控背带式安全带	副	按需配置	
15	智能安全帽	顶/人	1	
16	绝缘鞋	双/人	1	
17	绝缘手套	副/人	1	
18	棉纱防护手套	副/人	1	
19	纯棉长袖工作服	套/人	1	
20	数码相机	台	按需配置	

续表

序号	名称	单位	数量	安全要求
21	警示带	套	按需配置	2. 设备安全工器具应检验合格，在有效期内； 3. 其他根据现场需求配置
22	绝缘电阻表	只	按需配置	
23	相序表	个	按需配置	
24	抄表器	只	按需配置	
25	工具包	个	按需配置	
26	电能表现场校验仪	台	1	

4. 风险点分析与预防控制措施

计量装置故障装拆风险点分析与预防控制措施见表 5-8。

表 5-8　　计量装置故障装拆风险点分析与预防控制措施

序号	防范类型	风险点	预防控制措施
1	人身伤害或触电	走错工作位置	1. 工作负责人对工作班成员应进行安全教育，作业前对工作班成员进行危险点告知，明确指明带电设备位置，交代安全措施和技术措施，履行确认手续； 2. 相邻有带电间隔和带电部位，必须装设临时遮栏，设专人监护； 3. 核对工作票、故障处理工作单内容与现场信息是否一致； 4. 在工作地点设置“在此工作”标示牌
		人员与高压设备安全距离不够致使设备放电	1. 工作负责人对工作班成员应进行安全教育，作业前对工作班成员进行危险点告知，交代安全措施和技术措施； 2. 作业现场应装设遮栏或围栏，与高压部分应有足够的安全距离，向外悬挂“止步，高压危险!”的标示牌； 3. 工作班成员应精力集中，随时警戒异常现象发生，工作班成员之间应加强监护
		二次回路带电作业未采取措施接触两相	1. 二次回路带电作业中使用的工具，其外裸的导电部位应采取绝缘措施，防止操作时相间或相对的短路； 2. 二次回路带电作业，作业人员应穿绝缘鞋和全棉长袖工作服，戴手套、智能安全帽和护目镜，利于干燥绝缘物开展工作； 3. 二次回路带电作业禁止使用锉刀、金属尺和带有金属物的毛刷、毛掸等工具，做好相间短路产生弧光保护措施
		二次回路带电作业无绝缘防护措施	1. 二次回路带电作业应使用有绝缘柄的工具，其外裸的导电部位应采取绝缘措施，防止操作时相间或相对地短路； 2. 工作过程应穿绝缘鞋，佩戴手套，立于干燥绝缘物开展工作； 3. 二次回路带电作业应设专人监护，配置、穿用合格个人绝缘防护用品，杜绝无个人绝缘防护或绝缘防护失效仍冒险作业的现象； 4. 二次回路带电作业时，人体不得同时接触两根线头

续表

序号	防范类型	风险点	预防控制措施
1	人身伤害或触电	计量柜（箱）、电动工具漏电	1. 工作前应用验电笔（器）对金属计量柜（箱）进行验电，检查计量柜（箱）接地是否可靠； 2. 电动工具外壳必须可靠接地，其所接电源必须装有漏电保护器
		短路或接地	1. 工作中使用工具的外裸导电部位应采取绝缘措施，防止操作时相间或相对地短路； 2. 带电装拆电能表环节，带电导线应做好绝缘措施
		停电作业发生倒送电	1. 工作前做好安全隔离措施，确保断开各方面电源； 2. 作业点必须装设接地线； 3. 自备发电机仅作为试验电源或工作照明用，严禁接入其他电气回路
		使用临时电源不当	1. 接取临时电源时安排专人监护； 2. 检查接入电源线缆有无破损，连接是否可靠； 3. 临时电源应具有漏电保护装置
		电容器放电	对有电容器补偿装置客户，优先完全断开补偿装置
		电流互感器二次回路开路、电压互感器二次回路短路	1. 电能表接线回路采用统一标准的试验接线盒； 2. 不得将回路永久接地点断开； 3. 开展电能表装接工作，应先在试验接线盒内短接电流连接片，脱开电压连接片； 4. 工作过程应设专人监护，使用绝缘工具，立于干燥绝缘物开展； 5. 短接电流互感器二次绕组，应使用短路片或短路线，禁止导线缠绕； 6. 工作过程使用工具的外裸导电部位应采取绝缘措施，防止操作时相间或相对地短路
		雷电伤害	室外工作应注意天气，雷雨天禁止作业
		误碰周围带电设备	1. 使用合格的绝缘工具； 2. 相邻有带电间隔和带电部位，须在工作间隔的前后位置均装设临时遮栏，带电装拆时设专人监护； 3. 加强移动监护，工作过程保持与带电设备的安全距离
		工作前未进行验电	1. 工作前应使用带电设备，对验电笔（器）测试，确保良好； 2. 工作前应先验电
		带负荷送电	送电前，确认出线侧断路器处于断开位置，派专人看守，防止有人误合出线侧断路器
2	机械伤害	戴手套使用转动工具，可能引起机械伤害	加强监督与检查，使用转动工具不得戴手套
		使用不合格工器具	按规定对各类工器具定期试验和检查，确保使用合格的工器具
		高空抛物	高处作业上下传递物品，不得投掷，必须使用工具袋，通过绳索传递，防止从高空坠落发生事故

续表

序号	防范类型	风险点	预防控制措施
3	高空坠落	使用不合格登高用安全工器具	按规定对各类登高用安全工器具定期试验和检查，确保使用工器具合格
		绝缘梯使用不当	1. 使用前检查绝缘梯外观、编号、检验合格标识，确认符合安全要求； 2. 登高使用绝缘梯，应设置专人监护
		登高作业操作不当	1. 登高作业前优先检查杆根，对脚扣和登高板开展承力检验； 2. 登高作业应使用双控背带式安全带，与牢固固件捆绑双控背带式安全带
4	设备损坏	装拆互感器意外跌落	开展互感器装拆应在固定架加以绑扎，以免互感器从固定架上坠落
		计量柜（箱）内遗留工具，导致送电后短路，损坏设备	1. 工作结束后打扫、整理现场； 2. 认真检查携带的工器具，确保无遗留
		设备损坏	规范使用设备，选择合适量程
		接线时压接不牢固或错误	加强作业过程监护、检查工作，防止接线过程因压接不牢固或错误损坏设备
5	计量差错	接线错误	完成工作班成员接线，检查接线情况，加强互查

5.4.2　作业流程

低压电能计量装置装拆作业流程如图 5-4 所示。

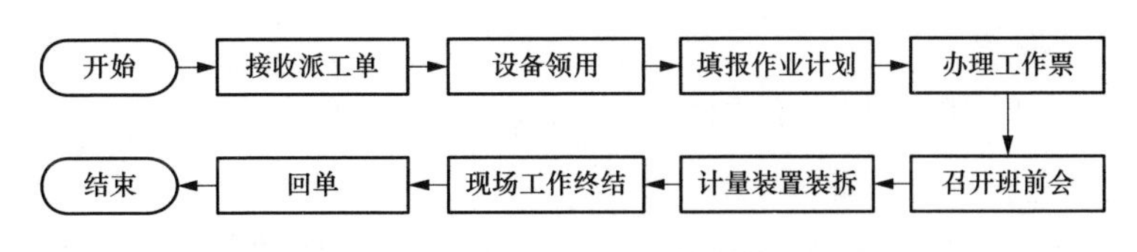

图 5-4　低压电能计量装置装拆作业流程

5.4.3　作业规范

1. 接收派工单

通过移动作业终端签收低压电能计量装置装拆工单。

2. 设备领用

通过门禁识别进入数字库房（移动仓、智能周转柜），领取相应的作业工器具和计量设备。

3. 填报作业计划

通过移动作业终端填写作业任务内容、设置风险等级等信息。

4. 办理工作票

（1）通过移动作业终端办理工作票，选择工作票类型、负责人等信息，生成《低压工作票》和《现场作业工作卡》。

（2）工作票签发人签发工作票。

（3）工作许可人对本次工作进行许可。

5. 召开班前会

（1）布置现场安全措施（警示围栏、警示标志等）。

（2）组织班组成员召开班前会，宣读安全措施，在移动作业终端上传班前会召开过程的录音和照片，班组成员完成电子签名。

6. 计量装置装拆

（1）通过移动作业终端，获取旧计量装置资产编号、参数、数据信息，现场对旧计量装置进行拆除。

（2）现场安装新计量装置，通过移动作业终端读取新装计量装置资产编号、参数、数据等信息。

（3）对新装计量装置进行调试，关联采集终端及电能表信息进行“一键调试”，完成电能表参数下发等任务。

（4）通过移动作业终端填写计量装置更换原因、处理结果、退补电量数据，完成客户电子签名确认。

7. 现场工作终结

（1）作业完毕清理现场，拆除现场安全措施。

（2）通过移动作业终端办理工作票终结手续。

8. 回单

通过移动作业终端填写现场工作完成情况，完成回单。

5.5　低压电能计量装置故障处理

5.5.1　作业前准备

1. 准备工作安排

根据营销现场作业类型与风险等级对应关系，低压电能计量装置故障处理风险等级为五级，宜采用低压工作票。

2. 上门服务准备工作

（1）查看作业任务单。查看装拆工作单，核对计量设备技术参数与相关资料。

（2）工作预约。根据工作内容提前和客户进行预约。

（3）填写（打印）工作任务单，同时核对计量设备技术参数与相关资料。

（4）填写并签发工作票。工作票签发人或工作负责人填写工作票，由工作票签发人签发，不具备工作票开具条件的情况，可填写配电工作任务单等（如基建项目等）。

（5）准备和检查试验设备。根据工作内容准备所需试验设备，检查是否符合实际要求。

（6）准备和检查工器具。根据工作内容准备所需工器具，并检查是否符合实际要求。

3. 工器具与设备

低压电能计量装置故障处理工器具与设备见表5-9。

表5-9　　低压电能计量装置故障处理工器具与设备

序号	名称	单位	数量	安全要求
1	螺丝刀组合	套	1	1. 常用工器具金属裸露部分应采取绝缘措施，经检验合格，螺丝刀除刀口以外的金属裸露部分应用绝缘胶布包裹；
2	电工刀	把	1	
3	钢丝钳	把	1	
4	斜口钳	把	1	
5	尖嘴钳	把	1	
6	扳手	套	1	

续表

序号	名称	单位	数量	安全要求
7	电钻	把	1	2. 设备安全工器具应检验合格，在有效期内； 3. 其他根据现场需求配置
8	电源盘	只	按需配置	
9	验电笔（器）	只	1	
10	钳形万用表	只	1	
11	绝缘梯	部	按需配置	
12	护目镜	副/人	按需配置	
13	登高板	副	按需配置	
14	双控背带式安全带	副	按需配置	
15	智能安全帽	顶/人	1	
16	绝缘鞋	双/人	1	
17	绝缘手套	副/人	1	
18	绝缘垫	块	按需配置	
19	数码相机	台	按需配置	
20	工具包	个	按需配置	
21	电能表现场校验仪	台	1	
22	抄表器	只	按需配置	
23	其他工具		按需配置	

4. 风险点分析与预防控制措施

低压电能计量装置故障处理风险点分析与预防控制措施见表 5-10。

表 5-10　低压电能计量装置故障处理风险点分析与预防控制措施

序号	防范类型	风险点	预防控制措施
1	人身伤害或触电	走错工作位置	1. 工作负责人对工作班成员应进行安全教育，作业前对工作班成员进行危险点告知，明确指明带电设备位置，交代安全措施和技术措施，履行确认手续； 2. 相邻有带电间隔和带电部位，必须装设临时遮栏，设专人监护； 3. 核对工作票、故障处理工作单内容与现场信息是否一致； 4. 在工作地点设置“在此工作”标示牌
		电弧灼伤	1. 装拆互感器应停电作业，确认电源进、出线方向，断开电源进、出线断路器，且能观察到电气的明显断开点，并用验电笔（器）进行验电和挂接地线； 2. 装拆电能表应把试验接线盒内的电流连接片短接，电压熔丝或连接片断开； 3. 工作人员应穿绝缘鞋和全棉长袖工作服，并戴手套、智能安全帽和护目镜

续表

序号	防范类型	风险点	预防控制措施
1	人身伤害或触电	不具备低压带电作业条件或未采取措施接触两相	1. 低压带电作业中使用的工具，其外裸的导电部位应采取绝缘措施，防止操作时相间或相对地短路； 2. 低压带电作业时，作业人员应穿绝缘鞋和全棉长袖工作服，并戴手套、智能安全帽和护目镜，站在干燥的绝缘物上进行； 3. 低压带电作业时禁止使用锉刀、金属尺和带有金属物的毛刷、毛掸等工具，做好防止相间短路产生弧光的措施； 4. 现场无试验接线盒装拆电能表应采取停电工作方式
		低压带电作业无绝缘防护措施	1. 低压带电作业应使用有绝缘柄的工具，其外裸的导电部位应采取绝缘措施，防止操作时相间或相对地短路； 2. 工作时，应穿绝缘鞋，并戴手套，站在干燥的绝缘物上进行； 3. 低压带电作业时应设专人监护；配置、穿用合格的个人绝缘防护用品；杜绝无个人绝缘防护或绝缘防护失效仍冒险作业的现象； 4. 低压带电作业时，人体不得同时接触两根线头
		计量柜（箱）、电动工具漏电	1. 工作前应用验电笔（器）对金属计量柜（箱）进行验电，检查计量柜（箱）接地是否可靠； 2. 电动工具外壳必须可靠接地，其所接电源必须装有漏电保护器
		短路或接地	1. 工作中使用的工具，其外裸的导电部位应采取绝缘措施，防止操作时相间或相对地短路； 2. 带电装拆电能表时，带电的导线部分应做好绝缘措施
		停电作业发生倒送电	1. 工作前做好安全隔离措施，确保断开各方面电源； 2. 作业点必须装设接地线； 3. 自备发电机只能作为试验电源或工作照明用，严禁接入其他电气回路
		使用临时电源不当	1. 接取临时电源时安排专人监护； 2. 检查接入电源的线缆有无破损，连接是否可靠； 3. 临时电源应具有漏电保护装置
		电容器放电	对有电容器补偿装置客户，应先完全断开补偿装置
		电流互感器二次回路开路	1. 电能表接线回路采用统一标准的试验接线盒； 2. 进行电能表装拆工作时，应在试验接线盒内短接电流连接片； 3. 工作时设专人监护，使用绝缘工具，站在干燥的绝缘物上进行
		雷电伤害	室外工作应注意天气，雷雨天禁止作业
		工作前未进行验电	1. 工作前应在带电设备上对验电笔（器）进行测试，确保良好； 2. 工作前应先验电
		误碰周围带电设备	1. 使用合格的绝缘工具； 2. 相邻有带电间隔和带电部位，必须在工作间隔的前后位置均装设临时遮栏，并设专人监护； 3. 加强移动监护，工作中保持与带电设备的安全距离

续表

序号	防范类型	风险点	预防控制措施
2	机械伤害	戴手套使用转动工具，可能引起机械伤害	加强监督与检查，使用转动工具不得戴手套
		使用不合格工器具	按规定对各类工器具进行定期试验和检查，确保使用合格的工器具
		高空抛物	高处作业上下传递物品，不得投掷，必须使用工具袋，通过绳索传递，防止从高空坠落发生事故
3	高空坠落	使用不合格登高用安全工器具	按规定对各类登高用安全工器具进行定期试验和检查，确保使用合格的工器具
		绝缘梯使用不当	1. 使用前检查绝缘梯的外观，以及编号、检验合格标识，确认符合安全要求； 2. 登高使用绝缘梯时应设置专人监护
		登高作业操作不当	1. 登高作业前应先检查杆根，对脚扣和登高板进行承力检验； 2. 登高作业应使用双控背带式安全带，双控背带式安全带应系在牢固的固件上
4	设备损坏	装拆互感器意外跌落	在固定架上进行互感器装拆应对其加以绑扎，以免互感器从固定架上坠落
		计量柜（箱）内遗留工具，导致送电后短路，损坏设备	工作结束后应打扫、整理现场。认真检查携带的工器具，确保无遗留
		设备损坏	规范使用设备，选择合适的量程
		接线时压接不牢固或错误	加强作业过程中的监护、检查工作，防止接线时因压接不牢固或错误损坏设备
5	计量差错	接线错误	工作班成员接线完成后，应对接线进行检查，加强互查

5.5.2 作业流程

低压电能计量装置故障处理作业流程如图 5-5 所示。

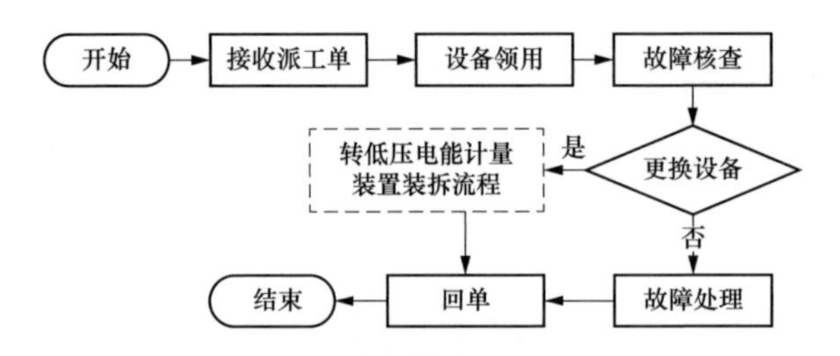

图 5-5　低压电能计量装置故障处理作业流程

5.5.3　作业规范

1. 接收派工单

通过移动作业终端签收低压电能计量装置故障处理工单。

2. 设备领用

通过门禁识别进入数字库房（移动仓、智能周转柜），领取相应的作业工器具和计量设备。

3. 故障核查

外勤人员根据故障、客户信息等内容，确认故障计量装置位置。根据计量柜（箱）、电能表、互感器异常信息确定故障类型。

4. 故障处理

（1）需更换计量装置。通过移动作业终端填写设备更换原因、处理结果、退补电量数据，完成客户电子签名确认，发起低压电能计量装置装拆流程，详见“5.4 低压电能计量装置装拆”。

（2）无需更换计量装置。对接线异常等引起故障进行现场处理，通过移动作业终端填写异常原因、处理结果，完成客户电子签名确认。

5. 回单

通过移动作业终端填写低压电能计量装置故障处理工作完成情况，完成回单。

5.6　低压计量箱现场装拆

5.6.1　作业前准备

1. 准备工作安排

根据营销现场作业类型与风险等级对应关系，低压计量箱现场装拆及验收风险等级为四级，宜采用低压工作票。

2. 上门服务准备工作

（1）接受工作任务。提前与客户联系，预约现场作业时间。

（2）根据工作内容准备所需工器具，检查是否合格，符合实际要求。

（3）正确佩戴智能安全帽，保持仪容仪表整洁干净，佩戴好工作证件、着统一工装、穿好绝缘鞋。

（4）检查移动作业终端（手机）、背夹、蓝牙打印机，查看工作任务单。

（5）作业前的组织和技术措施参照《安规》要求。

3. 工器具与设备

低压计量箱现场装拆工器具与设备见表 5-11。

表 5-11　　　　低压计量箱现场装拆工器具与设备

序号	名称	单位	数量	安全要求
1	液压钳	把	1	1. 常用工具金属裸露部分应采取绝缘措施，经检验合格，螺丝刀除刀口以外的金属裸露部分应用绝缘胶布包裹； 2. 仪器仪表安全工器具应检验合格，在有效期内； 3. 其他根据现场需求配置
2	热风枪	台	按需配置	
3	绝缘垫	块	按需配置	
4	相序表	台	1	
5	号码管打印机	台	1	
6	电锤（钻）	把	1	
7	其他		按需配置	

4. 风险点分析与预防控制措施

低压计量箱现场装拆风险点分析与预防控制措施见表 5-12。

表 5-12　　　　低压计量箱现场装拆风险点分析与预防控制措施

防范类型	风险点	预防控制措施
人身伤害或触电	作业方式不当触电	1. 带电作业须断开负荷侧断路器，避免带负荷装拆； 2. 工作前应确认接地保护范围，作业人员禁止擅自移动或拆除接地线，防止检修设备突然来电或感应电
	电弧灼伤	1. 工作中使用的工具外裸导电部位应采取绝缘措施，防止操作时相间或相对地短路； 2. 低压带电作业过程，工作人员应穿绝缘鞋和全棉长袖工作服，戴手套、智能安全帽和护目镜，站在干燥的绝缘物上进行； 3. 低压带电作业时禁止使用锉刀、金属尺和带有金属物的毛刷、毛掸等工具，做好防止相间短路产生弧光的措施

续表

防范类型	风险点	预防控制措施
人身伤害或触电	接户线带电作业差错	1. 正确选择攀登线路，搭接导线时先接零线，后接相线，拆除顺序相反，人体不得同时接触两根线头； 2. 应设专责监护人

5.6.2　作业流程

低压计量箱现场装拆作业流程如图 5-6 所示。

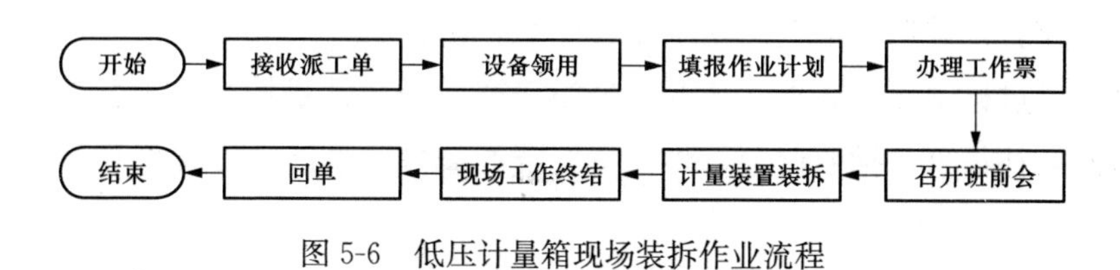

图 5-6　低压计量箱现场装拆作业流程

5.6.3　作业规范

1. 接收派工单

通过移动作业终端签收低压计量箱现场装拆工单。

2. 设备领用

通过门禁识别进入数字库房（移动仓、智能周转柜），领取相应的作业工器具和计量设备。

3. 填报作业计划

通过移动作业终端填写作业任务内容、设置风险等级等信息。

4. 办理工作票

（1）通过移动作业终端办理工作票，选择工作票类型、负责人等信息，生成《低压工作票》和《现场作业工作卡》。

（2）工作票签发人签发工作票。

（3）工作许可人对本次工作进行许可。

5. 召开班前会

（1）布置现场安全措施（警示围栏、警示标志等）。

（2）组织班组成员召开班前会，宣读安全措施，在移动作业终端上传班前会召开过程的录音和照片，班组成员完成电子签名。

6. 计量箱装拆

（1）拆除/安装计量箱。

（2）核验计量箱及配电设施，确认具备带电条件。

（3）通过移动作业终端，获取计量箱资产编号和计量箱当前坐标信息，自动维护空间拓扑信息，拍照留存，将计量箱资产编号、电能表安装行列等信息回传专业系统。

（4）通过移动作业终端，抄读封印编号，拍照留存。

7. 现场工作终结

（1）作业完毕清理现场，拆除现场安全措施。

（2）通过移动作业终端办理工作票终结手续。

8. 回单

通过移动作业终端填写低压计量箱装拆完成情况，完成回单。

5.7 高压电能计量装置装拆及验收

5.7.1 作业前准备

1. 准备工作安排

根据营销现场作业类型与风险等级对应关系，确定高压电能计量装置装拆及验收工作风险等级为四级，宜采用配电第一种工作票。

2. 上门服务准备工作

（1）查看作业任务单。查看装拆工作单，核对计量设备技术参数与相关资料。

（2）预约联系。根据工作内容提前和客户/相关管理单位进行预约。

（3）准备和检查工器具。根据工作内容准备所需工器具，检查是否符合实际要求。

3. 工器具与设备

高压电能计量装置装拆及验收工器具与设备见表5-13。

表5-13　　高压电能计量装置装拆及验收工器具与设备

序号	名称	单位	数量	安全要求
1	螺丝刀组合	套	按需配置	1. 常用工具金属裸露部分应采取绝缘措施，经检验合格，螺丝刀除刀口以外的金属裸露部分应用绝缘胶布包裹，经检验合格； 2. 设备、安全工器具应检验合格，在有效期内； 3. 其他根据现场需求配置
2	电工刀	把	按需配置	
3	钢丝钳	把	按需配置	
4	斜口钳	把	按需配置	
5	尖嘴钳	把	按需配置	
6	扳手	套	按需配置	
7	电钻	把	按需配置	
8	电源盘	只	按需配置	
9	低压验电笔	只	按需配置	
10	高压验电器	只	按需配置	
11	钳形万用表	台	按需配置	
12	绝缘电阻表	台	按需配置	
13	便携式钳形相位伏安表	台	按需配置	
14	绝缘梯	部	按需配置	
15	警示带	套	按需配置	
16	吊绳	根	按需配置	
17	接地线	根	按需配置	
18	双控背带式安全带	副	按需配置	
19	智能安全帽	顶/人	按需配置	
20	绝缘鞋	双/人	按需配置	
21	绝缘手套	副/人	按需配置	
22	低压作业防护手套	副/人	按需配置	
23	纯棉长袖工作服	套/人	按需配置	
24	绝缘垫	块	按需配置	
25	相机	台	按需配置	
26	工具包	只	按需配置	
27	对讲机	对	按需配置	
28	剥线钳	只	按需配置	
29	手电筒	只	按需配置	

4. 风险点分析与预防控制措施

高压电能计量装置装拆及验收风险点分析与预防控制措施见表5-14。

表5-14　　高压电能计量装置装拆及验收风险点分析与预防控制措施

序号	防范类型	风险点	预防控制措施
1	人身触电	误碰带电设备	1. 在电气设备上作业时，应将未经验电的设备视为带电设备； 2. 在高、低压设备上工作，应至少由两人进行，完成保证安全的组织措施和技术措施； 3. 工作人员应正确使用合格的安全绝缘工器具和个人劳动防护用品； 4. 高、低压设备应根据工作票所列安全要求，落实安全措施；涉及停电作业的应实施停电、验电、挂接地线、悬挂标志牌后方可工作；工作负责人应会同工作许可人确认停电范围、断开点、接地、标示牌正确无误；工作负责人在作业前应要求工作许可人当面验电，必要时工作负责人还使用自带验电器（笔）重复验电； 5. 工作许可人应指明作业现场周围的带电部位，工作负责人确认无倒送电的可能； 6. 应在作业现场装设临时遮栏，将作业点与邻近带电间隔或带电部位隔离。作业中应保持与带电设备的安全距离； 7. 严禁工作人员未履行工作许可手续擅自开启电气设备柜门或操作电气设备； 8. 严禁在未采取任何监护措施和保护措施情况下现场作业
		走错工作位置	1. 工作负责人对工作班成员应进行安全教育，作业前对工作班成员进行危险点告知，明确带电设备位置，交代安全措施和技术措施，履行确认手续； 2. 核对工作任务单与现场信息是否一致； 3. 核对设备双重名称，在工作地点设置“在此工作”标示牌； 4. 现场作业应装设遮栏或围栏，遮栏或围栏与被试设备高压部分应有足够安全距离
		人员与高压设备安全距离不足致使人身伤害	1. 工作负责人对工作班成员应进行安全教育，作业前对工作班成员进行危险点告知，交代安全措施和技术措施； 2. 作业现场应装设遮栏或围栏，与高压部分应有足够的安全距离，向外悬挂“止步，高压危险！”的标示牌； 3. 工作班成员应精力集中，随时警戒异常现象发生，工作时应设专人监护，与带电设备保持足够安全距离
		停电作业发生倒送电	1. 工作负责人会同工作票许可人确认作业点已处于检修状态，使用验电器确认无电压； 2. 确认作业点安全隔离措施，各方面电源、负载端必须有明显断开点； 3. 确认作业点电源、负载端均已装设接地线，接地点可靠； 4. 自备发电机只能作为试验电源或工作照明，严禁接入其他电气回路

续表

序号	防范类型	风险点	预防控制措施
1	人身触电	工作前未进行验电致使触电	1. 工作前应在带电设备上对严电设备进行测试，确认良好； 2. 工作前应先验电
		二次回路带电作业未采取措施接触两相带电设备	1. 二次回路带电作业中使用的工具，其外裸的导电部位应采取绝缘措施，防止操作时相间或相对地短路； 2. 二次回路带电作业时，作业人员应穿绝缘鞋和全棉长袖工作服，戴手套、智能安全帽和护目镜，站在干燥的绝缘物上进行； 3. 二次回路带电作业时禁止使用锉刀、金属尺和带有金属物的毛刷、毛掸等工具，做好防止相间短路的措施
		二次回路带电作业无绝缘防护措施	1. 二次回路带电作业应使用有绝缘柄的工具，其外裸的导电部位应采取绝缘措施，防止操作时相间或相对地短路； 2. 工作时，应穿绝缘鞋，戴手套，站在干燥的绝缘物上进行； 3. 二次回路带电作业时应设专人监护，配置、穿用合格的个人绝缘防护用品； 4. 二次回路带电作业人员作业时，人体不得同时接触两根导线裸露部分
		计量柜（箱）电动工具漏电	1. 工作前应用验电笔（器）对金属计量柜（箱）进行验电，检查计量柜（箱）接地是否可靠； 2. 电动工具外壳必须可靠接地，其所接电源必须装有漏电保护器
		短路或接地	1. 工作中使用的工具，其外裸的导电部位应采取绝缘措施，防止操作时相间或相对地短路； 2. 带电装拆电能表时，带电的导线部分应做好绝缘措施
		使用临时电源不当	1. 接取临时电源时应安排专人监护； 2. 检查接入点源的线缆有无破损，连接是否可靠； 3. 临时电源应具有漏电保护装置
		电流互感器二次回路开路，电压互感器二次回路短路	1. 电能表接线回路应采用统一标准的试验接线盒； 2. 不得将回路的永久接地点断开； 3. 进行电能表装拆工作时，应先在试验接线盒内短接电流连接片，断开电压连接片； 4. 二次回路带电作业人员作业时，人体不得接触两根线头
		雷电伤害	室外高空天线外工作应注意天气，雷雨天禁止作业
2	机械伤害	戴手套使用电动转动工具，可能引起机械伤害	加强监督与检查，使用电动转动工具不得使用手套
		使用不合格工器具	按规定对各类工器具进行定期试验和检查，确保使用合格的工器具
		高空抛物	高处作业上下传递物品，不得投掷，必须使用工具袋，通过绳索传递，防止从高空坠落发生事故

续表

序号	防范类型	风险点	预防控制措施
3	设备、材料、工器具损坏、丢失	仪器仪表损坏	仪器仪表的量程设定和规范使用，保存时开关处于初始位置或关闭状态
		设备材料运输、保管不善造成损坏、丢失	运输设备时采取防震、防碰撞措施，设备材料保存在干燥场所
		接线时压接不牢固或错误	加强作业过程中的监护、检查工作，防止接线时因压接不牢固或错误损坏设备
		工器具损坏或遗留在工作地点	作业完毕，工作班成员应清点个人工器具，清理现场，做到工完料净场地清

5.7.2 作业流程

高压电能计量装置装拆及验收作业流程如图 5-7 所示。

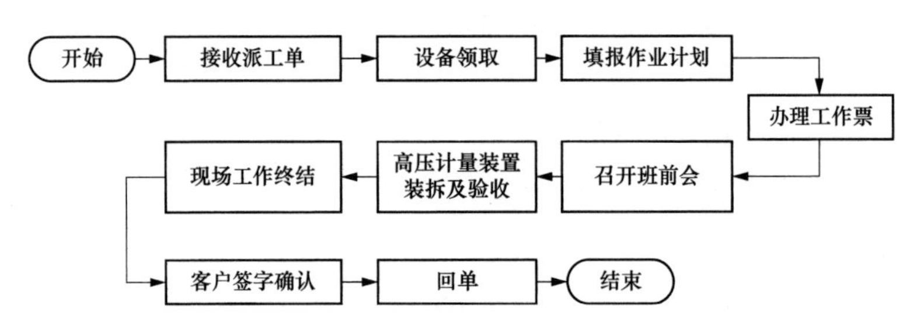

图 5-7 高压电能计量装置装拆及验收作业流程

5.7.3 作业规范

1. 接收派工单

通过移动作业终端签收高压计量装置装拆及验收工单。

2. 设备领用

通过门禁识别进入数字库房（移动仓、智能周转柜），领取相应的作业工器具和计量设备。

3. 填报作业计划

通过移动作业终端填写作业任务内容、设置风险等级等信息。

4. 办理工作票

（1）通过移动作业终端办理工作票，选择工作票类型、负责人等信息，生成《配电第一种工作票》或《配电第二种工作票》或《现场作业工作卡》。

（2）工作票签发人签发工作票。

（3）工作许可人对本次工作进行许可。

5. 召开班前会

（1）布置现场安全措施（警示围栏、警示标志等）。

（2）组织班组成员召开班前会，宣读安全措施，在移动作业终端上传班前会召开过程的录音和照片，班组成员完成电子签名。

6. 拆换计量设备

（1）使用移动作业终端扫描旧计量设备资产编号，利用背夹抄读旧计量装置表示数。

（2）现场开展电能表、互感器更换。

（3）通过移动作业终端扫描新装高压电能计量装置资产编号，利用背夹抄电能表示数。

（4）完成施封工作，使用背夹读取封印信息。

（5）通过移动作业终端关联采集终端和电能表相关信息，完成“一键调试”。

7. 现场工作终结

（1）作业完毕清理现场，拆除现场安全措施。

（2）通过移动作业终端办理工作票终结手续。

8. 客户签字确认

现场辅助客户通过移动作业终端确认电能表示数及封印，完成《计量装拆凭证》电子签名。

9. 回单

通过移动作业终端填写现场高压电能计量装置装拆及验收工作完成情况，完成回单。

5.8 高压电能计量装置故障处理

5.8.1 作业前准备

1. 准备工作安排

根据营销现场作业类型与风险等级对应关系，变电站计量装置故障处理，风险等级为四级，宜采用变电第二种工作票，全程使用视频监控设备，非变电站计量装置故障处理（单一班组、单一专业，或作业人员不超过5人），风险等级为四级，宜采用配电第二种工作票。

2. 上门服务准备工作

（1）查看作业任务单。查看装拆工作单，核对计量设备技术参数与相关资料。

（2）预约联系。根据工作内容提前和客户/相关管理单位进行预约。

（3）准备和检查试验设备。根据工作内容准备所需试验设备，检查是否符合实际要求。

（4）准备和检查工器具。根据工作内容准备所需工器具，检查是否符合实际要求。

3. 工器具与设备

高压电能计量装置故障处理工器具与设备见表5-15。

表5-15 高压电能计量装置故障处理工器具与设备

序号	名称	单位	数量	安全要求
1	螺丝刀组合	套	1	1. 常用工器具金属裸露部分应采取绝缘措施，经检验合格，螺丝刀除刀口以外的金属裸露部分应用绝缘胶布包裹；
2	电工刀	把	1	
3	钢丝钳	把	1	
4	斜口钳	把	1	
5	尖嘴钳	把	1	
6	扳手	套	1	
7	电钻	把	1	
8	电源盘	只	按需配置	
9	验电笔（器）	只	1	

续表

序号	名称	单位	数量	安全要求
10	钳形万用表	只	1	2. 设备安全工器具应检验合格，在有效期内； 3. 其他根据现场需求配置
11	绝缘梯	部	按需配置	
12	护目镜	副/人	按需配置	
13	登高板	副	按需配置	
14	双控背带式安全带	副	按需配置	
15	智能安全帽	顶/人	1	
16	绝缘鞋	双/人	1	
17	绝缘手套	副/人	1	
18	棉纱防护手套	副/人	1	
19	纯棉长袖工作服	套/人	1	
20	数码相机	台	按需配置	
21	警示带	套	按需配置	
22	绝缘电阻表	只	按需配置	
23	相序表	个	按需配置	
24	抄表器	只	按需配置	
25	工具包	个	按需配置	
26	电能表现场校验仪	台	1	

4. 风险点分析与预防控制措施

高压电能计量装置故障处理风险点分析与预防控制措施见表5-16。

表5-16　　高压电能计量装置故障处理风险点分析与预防控制措施

序号	防范类型	风险点	预防控制措施
1	人身伤害或触电	走错工作位置	1. 工作负责人对工作班成员应进行安全教育，作业前对工作班成员进行危险点告知，明确指明带电设备位置，交代安全措施和技术措施，履行确认手续； 2. 相邻有带电间隔和带电部位，必须装设临时遮拦，设专人监护； 3. 核对工作票、故障处理工作单内容与现场信息是否一致； 4. 在工作地点设置“在此工作”标示牌
		人员与高压设备安全距离不够致使设备放电	1. 工作负责人对工作班成员应进行安全教育，作业前对工作班成员进行危险点告知，交代安全措施和技术措施； 2. 作业现场应装设遮栏或围栏，与高压部分应有足够的安全距离，向外悬挂“止步，高压危险！”的标示牌； 3. 工作班成员应精力集中，随时警戒异常现象发生，工作班成员之间应加强监护

续表

序号	防范类型	风险点	预防控制措施
1	人身伤害或触电	二次回路带电作业未采取措施接触两相	1. 二次回路带电作业中使用的工具，其外裸的导电部位应采取绝缘措施，防止操作时相间或相对地短路； 2. 二次回路带电作业时，作业人员应穿绝缘鞋和全棉长袖工作服，戴手套、智能安全帽和护目镜，站在干燥的绝缘物上进行； 3. 二次回路带电作业时禁止使用锉刀、金属尺和带有金属物的毛刷、毛掸等工具，做好防止相间短路产生弧光的措施
		二次回路带电作业无绝缘防护措施	1. 二次回路带电作业应使用有绝缘柄的工具，其外裸的导电部位应采取绝缘措施，防止操作时相间或相对地短路； 2. 工作时，应穿绝缘鞋，戴手套，站在干燥的绝缘物上进行； 3. 二次回路带电作业时应设专人监护，配置、穿用合格的个人绝缘防护用品，杜绝无个人绝缘防护或绝缘防护失效仍冒险作业的现象； 4. 二次回路带电作业时，人体不得同时接触两根线头
		计量柜（箱）、电动工具漏电	1. 工作前应用验电笔（器）对金属计量柜（箱）进行验电，检查计量柜（箱）接地是否可靠； 2. 电动工具外壳必须可靠接地，其所接电源必须装有漏电保护器
		短路或接地	1. 工作中使用的工具，其外裸的导电部位应采取绝缘措施，防止操作时相间或相对地短路； 2. 带电装拆电能表时，带电的导线部分应做好绝缘措施
		停电作业发生倒送电	1. 工作前做好安全隔离措施，确保断开各方面电源； 2. 作业点必须装设接地线； 3. 自备发电机只能作为试验电源或工作照明用，严禁接入其他电气回路
		使用临时电源不当	1. 接取临时电源时安排专人监护； 2. 检查接入电源的线缆有无破损，连接是否可靠； 3. 临时电源应具有漏电保护装置
		电容器放电	对有电容器补偿装置客户，应先完全断开补偿装置
		电流互感器二次回路开路、电压互感器二次回路短路	1. 电能表接线回路采用统一标准的试验接线盒； 2. 不得将回路的永久接地点断开； 3. 进行电能表装接工作时，先在试验接线盒内短接电流连接片，脱开电压连接片； 4. 工作时设专人监护，使用绝缘工具，站在干燥的绝缘物上进行； 5. 短接电流互感器二次绕组，应使用短路片或短路线，禁止用导线缠绕； 6. 工作中使用的工具，其外裸的导电部位应采取绝缘措施，防止操作时相间或相对地短路
		雷电伤害	室外工作应注意天气，雷雨天禁止作业

续表

序号	防范类型	风险点	预防控制措施
1	人身伤害或触电	误碰周围带电设备	1. 使用合格的绝缘工具； 2. 相邻有带电间隔和带电部位，必须在工作间隔的前后位置均装设临时遮栏，带电装拆时设专人监护； 3. 加强移动监护，工作中保持与带电设备的安全距离
		工作前未进行验电	1. 工作前应在带电设备上对验电笔（器）进行测试，确保良好； 2. 工作前应先验电
		带负荷送电	送电前，确认出线侧断路器处于断开位置，派专人看守，防止有人误合出线侧断路器
2	机械伤害	戴手套使用转动工具，可能引起机械伤害	加强监督与检查，使用转动工具不得戴手套
		使用不合格工器具	按规定对各类工器具进行定期试验和检查，确保使用合格的工器具
		高空抛物	高处作业上下传递物品，不得投掷，必须使用工具袋，通过绳索传递，防止从高空坠落发生事故
3	高空坠落	使用不合格登高用安全工器具	按规定对各类登高用安全工器具进行定期试验和检查，确保使用合格的工器具
		绝缘梯使用不当	1. 使用前检查绝缘梯的外观，以及编号、检验合格标识，确认符合安全要求； 2. 登高使用绝缘梯时应设置专人监护
		登高作业操作不当	1. 登高作业前应先检查杆根，对脚扣和登高板进行承力检验； 2. 登高作业应使用双控背带式安全带，双控背带式安全带应系在牢固的固件上
4	设备损坏	装拆互感器意外跌落	在固定架上进行互感器装拆应对其加以绑扎，以免互感器从固定架上坠落
		计量柜（箱）内遗留工具，导致送电后短路，损坏设备	工作结束后应打扫、整理现场。认真检查携带的工器具，确保无遗留
		设备损坏	规范使用设备，选择合适的量程
		接线时压接不牢固或错误	加强作业过程中的监护、检查工作，防止接线时因压接不牢固或错误损坏设备
5	计量差错	接线错误	工作班成员接线完成后，应对接线进行检查，加强互查

5.8.2 作业流程

高压电能计量装置故障处理作业流程如图 5-8 所示。

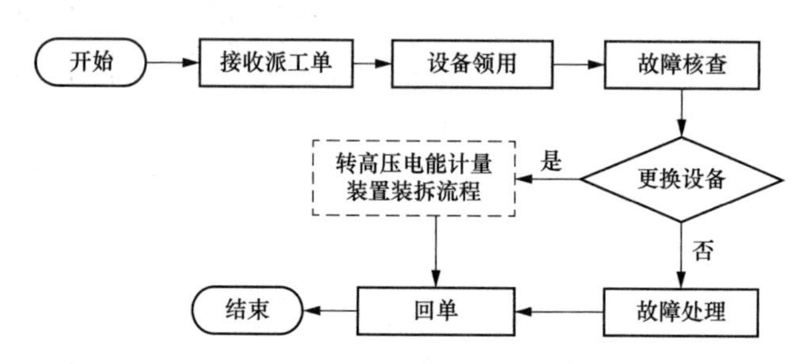

图 5-8 高压电能计量装置故障处理作业流程

5.8.3 作业规范

1. 接收派工单

通过移动作业终端签收高压电能计量装置故障处理工单。

2. 设备领用

通过门禁识别进入数字库房（移动仓、智能周转柜），领取相应的作业工器具和计量设备。

3. 故障核查

根据故障、客户信息等内容，确认故障计量装置位置。根据计量柜（箱）、电能表、互感器异常信息确定故障类型。

4. 故障处理

（1）需更换计量装置。通过移动作业终端填写设备更换原因、处理结果、退补电量数据，完成客户电子签名确认。并发起高压电能计量装置装拆及验收流程，详见“5.7 高压电能计量装置装拆及验收”。

（2）非拆换设备。对接线异常等引起故障进行处理，通过移动作业终端填写异常原因、处理结果，完成客户电子签名确认。

5. 回单

通过移动作业终端填写高压电能计量装置故障处理工作完成情况，完成回单。

5.9　集中抄表终端装拆

5.9.1　作业前准备

1. 准备工作安排

根据营销现场作业类型与风险等级对应关系，集中抄表终端（集中器、采集器）装拆及验收作业风险等级为五级，宜采用低压工作票。

2. 上门服务准备工作

（1）预约联系。提前与客户联系，预约现场作业时间。

（2）根据工作内容准备所需工器具，检查是否合格，符合实际要求。

（3）正确佩戴智能安全帽，保持仪容仪表整洁干净，佩戴好工作证件、着统一工装、穿好绝缘鞋。

（4）领取所需终端、封印及其他材料，核对所领取的材料是否符合装拆工作单要求。

（5）检查移动作业终端（手机）、背夹、蓝牙打印机，查看工作任务单。

（6）作业前的组织和技术措施参照《安规》要求。

3. 工器具与设备

集中抄表终端装拆工器具与设备见表 5-17。

表 5-17　　集中抄表终端装拆工器具与设备

序号	名称	单位	数量	安全要求
1	螺丝刀组合	套	1	1. 常用工具金属裸露部分应采取绝缘措施，经检验合格，螺丝刀除刀口以外的金属裸露部分应用绝缘胶布包裹，经检验合格；
2	电工刀	把	1	
3	钢丝钳	把	1	
4	斜口钳	把	1	
5	尖嘴钳	把	1	
6	扳手	套	1	
7	电钻	把	1	

续表

序号	名称	单位	数量	安全要求
8	电源盘（带漏电保护）	只	1	2. 设备、安全工器具应检验合格，在有效期内； 3. 其他根据现场需求配置
9	低压验电笔	只	1	
10	高压验电器	只	1	
11	钳形万用表	只	1	
12	绝缘梯	部	1	
13	护目镜	副	1	
14	登高板	副	1	
15	双控背带式安全带	副	1	
16	智能安全帽	顶/人	1	
17	绝缘鞋	双/人	1	
18	绝缘手套	副/人	1	
19	棉纱防护手套	副/人	1	
20	手持设备	只	1	
21	电锤	把	1	
22	无线网络信号测试仪	台	1	
23	电能表通信口测试仪	台	1	
24	热风机	只	1	
25	数码相机	台	按需配置	
26	照明设备	只	1	
27	计量现场作业终端	台	1	

4. 风险点分析与预防控制措施

集中抄表终端装拆风险点分析与预防控制措施见表5-18。

表5-18　　集中抄表终端装拆风险点分析与预防控制措施

序号	防范类型	风险点	预防控制措施
1	人身触电与伤害	误碰带电设备	1. 在电气设备上作业时，应将未经验电的设备视为带电设备； 2. 在高、低压设备上工作，应至少由两人进行，完成保证安全的组织措施和技术措施； 3. 工作人员应正确使用合格的安全绝缘工器具和个人劳动防护用品； 4. 高、低压设备应根据工作票所列安全要求，落实安全措施；涉及停电作业的应实施停电、验电、接地、悬挂标示牌和装设围栏（遮栏）后方可工作；工作负责人应会同工作许可人确认停电范围、断开点、接地、标示牌正确无误；工作负责人在作业前应要求工作许可人当面验电，必要时工作负责人还可使用自带验电器（笔）重复验电； 5. 工作许可人应指明作业现场周围的带电部位，工作负责人确认无倒送电的可能；

续表

序号	防范类型	风险点	预防控制措施
1	人身触电与伤害	误碰带电设备	6. 应在作业现场装设临时遮栏，将作业点与邻近带电部位隔离，作业中应保持与带电设备的安全距离； 7. 严禁工作人员未履行工作许可手续擅自开启电气设备柜门或操作电气设备； 8. 严禁在未采取任何监护措施和保护措施情况下现场作业； 9. 拍照应加强监护，拍照全过程中应戴好手套，严禁直接触碰裸露导体；作业前核对设备名称和编号，要保持与带电设备足够的安全距离，无法满足安全距离的情况下，严禁拍照； 10. 严禁擅自扩大工作范围、增加或变更工作任务，严禁擅自变更安全措施；增加工作任务时，如不涉及停电范围及安全措施的变化，现有条件可以保证作业安全，经工作票签发人和工作许可人同意后，可以使用原工作票，但应在工作票上注明增加的工作项目，告知作业人员；如果增加工作任务时涉及变更或增设安全措施时，应先办理工作票终结手续，然后重新办理新的工作票，履行签发、许可手续后，方可继续工作
		走错工作位置	1. 工作负责人对工作班成员应进行安全教育，作业前对工作班成员进行危险点告知，明确带电设备位置，交代安全措施和技术措施，履行确认手续； 2. 相邻有带电部位，必须装设临时遮栏，设专人监护；在工作地点设置“在此工作”标示牌； 3. 核对装拆工作单与现场信息是否一致
		电能表箱、终端箱电动工具漏电	1. 电动工具应检测合格，在合格期内，金属外壳必须可靠接地，工作电源装有漏电保护器； 2. 工作前应用验电笔对金属电能表箱、终端箱进行验电，检查电能表箱、终端箱接地是否可靠； 3. 如需在电能表、终端 RS-485 口进行工作，工作前应先对电能表、终端 RS-485 口进行验电
		使用临时电源不当	1. 接取临时电源时安排专人监护； 2. 检查接入电源的线缆有无破损，连接是否可靠； 3. 移动电源盘必须有漏电保护器
		短路或接地	1. 工作中使用的工具，其外裸的导电部位应采取绝缘措施； 2. 加强监护，防止操作时相间或相对地短路
		电弧灼伤	工作人员应穿绝缘鞋和全棉长袖工作服，佩戴手套、智能安全帽和护目镜
		雷电伤害	雷雨天气禁止在室外进行天线安装作业
		电流互感器二次侧开路	加强监护，严禁电流互感器二次侧开路
		电压互感器二次侧短路	加强监护，严禁电压互感器二次侧短路

续表

序号	防范类型	风险点	预防控制措施
2	机械伤害	戴手套使用转动电动工具	使用转动电动工具严禁戴手套，不得手提导线或转动部分
3	高空坠落	使用不合格登高用安全工器具	按规定对各类登高用安全工器具进行定期试验和检查，确保使用合格的工器具
		绝缘梯使用不当	1. 使用前检查绝缘梯的外观，以及编号、检验合格标识，确认符合安全要求； 2. 登高使用绝缘梯时应设置专人监护； 3. 梯子应有防滑措施，使用单梯工作时，梯子与地面的倾斜角度为60°左右，梯子不得绑接使用，人字梯应有限制开度的措施，人在梯子上时，禁止移动梯子
		登高作业操作不当	1. 登高作业前应先检查杆根，对脚扣和登高板进行承力检验； 2. 登高作业应使用双控背带式安全带，双控背带式安全带应系在牢固的固件上，严禁低挂高用； 3. 在攀登杆塔作业前，应检查杆根、基础和拉线是否牢固，地脚螺栓应随即加垫板，拧紧螺母及打毛丝扣
4	设备损坏	计量柜（箱）内遗留工具，导致送电后短路，损坏设备	工作结束后应打扫、整理现场；认真检查携带的工器具，确保无遗留
		仪器仪表损坏	规范使用仪器仪表，选择合适的量程
		接线时压接不牢固或错误	加强作业过程中的监护、检查工作，防止接线时因压接不牢固或错误损坏设备
5	计量差错	接线错误	工作班成员接线完成后，应对接线进行检查，加强互查
6	信息安全风险	账号密码泄露	采集系统主站用户应妥善保管账号及密码，不得随意授予他人
		涉密数据泄露	1. 采集系统主站客户端禁止在管理信息内、外网之间交叉使用； 2. 采集系统主站客户端计算机应安装防病毒、桌面管理等安全防护软件； 3. 采集系统主站客户端及外围设备交由外部单位维修处理应经信息运维单位（部门）批准； 4. 报废采集系统主站客户端、员工离岗离职时留下的终端设备应交由相关部门处理

5.9.2 作业流程

集中抄表终端装拆作业流程如图 5-9 所示。

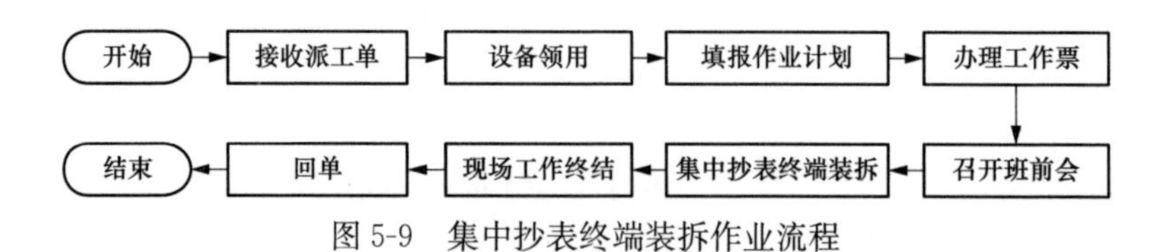

图 5-9　集中抄表终端装拆作业流程

5.9.3　作业规范

1. 接收派工单

通过移动作业终端签收集中抄表终端装拆工单。

2. 设备领用

通过门禁识别进入数字库房（移动仓、智能周转柜），领取相应的作业工器具和计量设备。

3. 填报作业计划

通过移动作业终端填写作业任务内容、设置风险等级等信息。

4. 办理工作票

（1）通过移动作业终端办理工作票，选择工作票类型、负责人等信息，生成《低压工作票》和《现场作业工作卡》。

（2）工作票签发人签发工作票。

（3）工作许可人对本次工作进行许可。

5. 召开班前会

（1）布置现场安全措施（警示围栏、警示标志等）。

（2）组织班组成员召开班前会，宣读安全措施，在移动作业终端上传班前会召开过程的录音和照片，班组成员完成电子签名。

6. 集中抄表终端装拆

（1）拆除/安装集中抄表终端。

（2）配置集中抄表终端通信地址、IP 地址、通信网关等参数。

（3）通过移动作业终端扫描获取集中抄表终端资产编号、抄读封印编号，拍照留存，完成新旧集中抄表终端档案变更。

（4）通过移动作业终端“一键调试”完成用采系统主站任务配置和参数下发。

7. 现场工作终结

（1）作业完毕清理现场，拆除现场安全措施。
（2）通过移动作业终端上办理工作票终结手续。

8. 回单

通过移动作业终端填写集中抄表终端装拆工作完成情况，完成回单。

5.10 集中抄表终端故障处理

5.10.1 作业前准备

1. 准备工作安排

根据营销现场作业类型与风险等级对应关系，集中抄表终端（集中器、采集器）故障处理作业风险等级为五级，宜采用低压工作票。

2. 上门服务准备工作

（1）故障初步分析。通过系统召测集中器、采集器、电能表，初步判断故障类型。
（2）预约联系。提前与客户联系，预约现场作业时间。
（3）根据工作内容准备所需工器具，检查是否合格，符合实际要求。
（4）正确佩戴智能安全帽，保持仪容仪表整洁干净，佩戴好工作证件、着统一工装、穿好绝缘鞋。
（5）领取所需终端、封印及其他材料，核对所领取的材料是否符合装拆工作单要求。
（6）检查移动作业终端（手机）、背夹、蓝牙打印机，查看工作任务单。
（7）作业前的组织和技术措施参照《安规》要求。

3. 工器具与设备

集中抄表终端故障处理工器具与设备见表 5-19。

表 5-19　　集中抄表终端故障处理工器具与设备

序号	名称	单位	数量	安全要求
1	螺丝刀组合	套	1	1. 常用工具金属裸露部分应采取绝缘措施，经检验合格，螺丝刀除刀口以外的金属裸露部分应用绝缘胶布包裹，经检验合格； 2. 设备、安全工器具应检验合格，在有效期内； 3. 其他根据现场需求配置
2	电工刀	把	1	
3	钢丝钳	把	1	
4	斜口钳	把	1	
5	尖嘴钳	把	1	
6	扳手	套	1	
7	电钻	把	1	
8	电源	只	1	
9	低压验电笔	只	1	
10	高压验电器	只	1	
11	钳形万用表	块	1	
12	绝缘梯	部	1	
13	护目镜	副	1	
14	登高工具	副	1	
15	双控背带式安全带	副	1	
16	智能安全帽	顶/人	1	
17	绝缘鞋	双/人	1	
18	绝缘手套	副/人	1	
19	面纱防护手套	副/人	1	
20	手持设备	台	1	
21	电锤	把	1	
22	无线网络信号测试仪	只	1	
23	电能表通信口测试仪	台	1	
24	热风机	只	1	
25	数码相机	台	按需配置	
26	照明设备	只	1	
27	计量现场作业终端	台	1	

4. 风险点分析与预防控制措施

集中抄表终端故障处理风险点分析与预防控制措施见表 5-20。

表 5-20　　集中抄表终端故障处理风险点分析与预防控制措施

序号	防范类型	风险点	预防控制措施
1	人身伤害或触电	误碰带电设备	1. 电气设备作业过程，应将未经验电的设备视为带电设备； 2. 在高、低压设备上工作，应至少由两人进行，完成保证安全的组织措施和技术措施； 3. 工作人员应正确使用合格的安全绝缘工器具和个人劳动防护用品； 4. 高、低压设备应根据工作票所列安全要求，落实安全措施；涉及停电作业的应实施停电、验电、接地、悬挂标示牌和装设围栏（遮栏）后方可工作；工作负责人应会同工作许可人确认停电范围、断开点、接地、标示牌正确无误；工作负责人在作业前应要求工作许可人当面验电，必要时工作负责人还可使用自带验电器（笔）重复验电； 5. 工作许可人应指明作业现场周围的带电部位，工作负责人确认无倒送电的可能； 6. 应在作业现场装设临时遮栏，将作业点与邻近带电部位隔离，作业中应保持与带电设备的安全距离； 7. 严禁工作人员未履行工作许可手续擅自开启电气设备柜门或操作电气设备； 8. 严禁在未采取任何监护措施和保护措施情况下现场作业； 9. 拍照应加强监护，拍照全过程中应戴好手套，严禁直接触碰裸露导体；作业前核对设备名称和编号，要保持与带电设备足够的安全距离，无法满足安全距离的情况下，严禁拍照； 10. 严禁擅自扩大工作范围、增加或变更工作任务，严禁擅自变更安全措施；增加工作任务时，如不涉及停电范围及安全措施的变化，现有条件可以保证作业安全，经工作票签发人和工作许可人同意后，可以使用原工作票，但应在工作票上注明增加的工作项目，告知作业人员；如果增加工作任务时涉及变更或增设安全措施时，应先办理工作票终结手续，然后重新办理新的工作票，履行签发、许可手续后，方可继续工作
		走错工作位置	1. 工作负责人对工作班成员应进行安全教育，作业前对工作班成员进行危险点告知，明确指明带电设备位置，交代工作地点及周围的带电部位及安全措施和技术措施，履行签名确认手续； 2. 相邻有带电间隔和带电部位，必须装设临时遮栏，设专人监护； 3. 核对工作票、故障处理工作单内容与现场信息是否一致
		电能表箱、终端箱、电动工具漏电	1. 电动工具应检测合格，在合格期内，金属外壳必须可靠接地，工作电源装有漏电保护器； 2. 工作前应用验电笔对金属电能表箱、终端箱进行验电，检查电能表箱、终端箱接地是否可靠，如需在电能表、终端 RS-485 口进行工作，工作前应先对电能表、终端 RS-485 口进行验电
		短路或接地	1. 工作中使用的工具，其外裸的导电部位应采取绝缘措施； 2. 加强监护，防止操作时相间或相对地短路，带电装拆电能表时，带电的导线部分应做好绝缘措施； 3. 严禁在接地保护范围外工作

续表

序号	防范类型	风险点	预防控制措施
1	人身伤害或触电	停电作业发生倒送电	1. 工作负责人应会同工作许可人现场确认作业点已处于检修状态，使用验电器（笔）确证无电压； 2. 确认作业点安全隔离措施，各方面电源、负载端必须有明显断开点； 3. 确认作业点电源、负载端均已装设接地线，接地点可靠； 4. 自备发电机只能作为试验电源或工作照明用，严禁接入其他电气回路
		使用临时电源不当	1. 接取临时电源时戴护目镜、手套，穿绝缘鞋； 2. 接触金属箱（屏、柜）前应先验电； 3. 应安排专人监护； 4. 检查接入电源的线缆有无破损，连接是否可靠； 5. 检查电源盘漏电保护装置是否正常； 6. 禁止将电源线直接钩挂在闸刀上或直接插入插座内使用
		电流互感器二次回路开路、电压互感器二次回路短路	1. 电能表接线回路采用统一标准的联合接线盒； 2. 不得将回路的永久接地点断开； 3. 进行电能表装接工作时，先在联合接线盒内短接电流连接片，脱开电压连接片； 4. 工作时设专人监护，使用绝缘工具，站在干燥的绝缘物上进行； 5. 短接电流互感器二次绕组，应使用短路片或短路线，禁止用导线缠绕； 6. 工作中使用的工具，其外裸的导电部位应采取绝缘措施，防止操作时相间或相对地短路
		雷电伤害	室外工作应注意天气，雷雨天禁止作业
		工作前未进行验电，或未使用相应电压等级、合格的验电器进行验电	1. 工作前应先验电； 2. 使用相应电压等级、合格的验电器，高压验电应戴绝缘手套、穿绝缘靴； 3. 工作前应在有电设备上对验电笔（器）进行测试，确保良好，无法在有电设备上进行验电时可用工频高压发生器等确证验电器良好； 4. 对无法直接验电的设备，应间接验电，即通过设备的机械位置指示、电气指示、带电显示装置、仪表及各种遥测、遥信等信号的变化来判断；判断时，至少应有两个非同样原理或非同源的指示发生对应变化，且所有这些确定的指示均已发生对应变化，方可确认该设备已无电压
		带负荷送电	送电前，确认出线侧断路器处于断开位置，派专人看守，防止有人误合出线侧断路器
2	机械伤害	使用电动工具，可能引起机械伤害	使用转动电动工具严禁戴手套，不得手提导线或转动部分
		使用不合格工器具	按规定对各类器具进行定期试验和检查，确保使用合格的工器具
		高空抛物	高处作业上下传递物品，不得投掷，必须使用工具袋，通过绳索传递，防止从高空坠落发生事故

续表

序号	防范类型	风险点	预防控制措施
2	机械伤害	箱体爆炸或箱门异常关闭引起机械伤害	1. 对运行时间较长且未安装牢固的杆上柜（箱），严禁现场开箱操作，当打开计量箱门进行检查或操作时，应站立至箱门侧面，减小箱内设备异常引发爆炸带来的伤害； 2. 箱门开启后应采取有效措施对箱门进行固定，防范由于刮风或触碰造成箱门异常关闭而导致事故
3	高空坠落	使用不合格登高用安全工器具	按规定对各类登高用安全工器具进行定期试验和检查，确保使用合格的工器具
		绝缘梯使用不当	1. 使用前检查绝缘梯的外观，以及编号、检验合格标识，确认符合安全要求； 2. 登高使用绝缘梯时应设置专人监护； 3. 梯子应有防滑措施，使用单梯工作时，梯子与地面的倾斜角度为60°左右，梯子不得绑接使用，人字梯应有限制开度的措施，人在梯子上时，禁止移动梯子
		登高作业操作不当	1. 登高作业前应先检查杆根，对脚扣和登高板进行承力检验； 2. 登高作业应使用双控背带式安全带，双控背带式安全带应系在牢固的固件上，严禁低挂高用； 3. 在攀登杆塔作业前，应检查杆根、基础和拉线是否牢固，地脚螺栓应随即加垫板，拧紧螺母及打毛丝扣
4	设备损坏	计量柜（箱）内遗留工具，导致送电后短路，损坏设备	工作结束后应打扫、整理现场；认真检查携带的工器具，确保无遗留
		仪器仪表损坏	规范使用仪器仪表，选择合适的量程
		接线时压接不牢固或错误	加强作业过程中的监护、检查工作，防止接线时因压接不牢固或错误损坏设备
5	计量差错	接线错误	工作班成员接线完成后，应对接线进行检查，加强互查
6	信息安全风险	账号密码泄露	采集系统主站用户应妥善保管账号及密码，不得随意授予他人
		涉密数据泄露	1. 采集系统主站客户端禁止在管理信息内、外网之间交叉使用； 2. 采集系统主站客户端计算机应安装防病毒、桌面管理等安全防护软件； 3. 采集系统主站客户端及外围设备交由外部单位维修处理应经信息运维单位（部门）批准； 4. 报废采集系统主站客户端、员工离岗离职时留下的终端设备应交由相关部门处理

5.10.2 作业流程

集中抄表终端故障处理作业流程如图 5-10 所示。

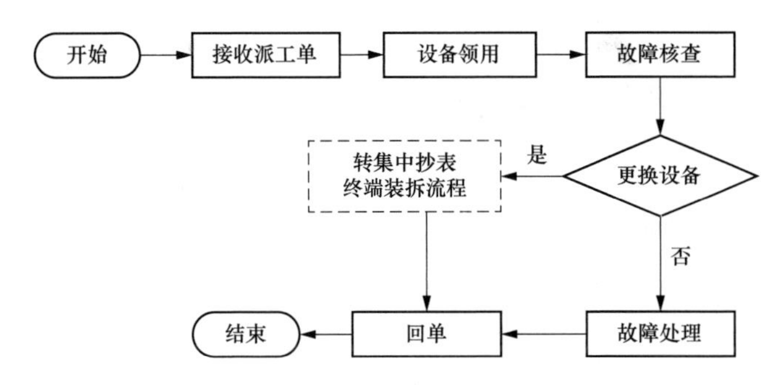

图 5-10　集中抄表终端故障处理作业流程

5.10.3　作业规范

1. 接收派工单

通过移动作业终端签收集中抄表终端故障处理工单。

2. 设备领用

通过门禁识别进入数字库房（移动仓、智能周转柜），领取相应的作业工器具和计量设备。

3. 现场核查

（1）根据集中抄表终端故障信息等内容，确认故障集中抄表终端装置位置。

（2）检查集中抄表终端是否存在黑屏、烧毁死机等异常问题，判断与主站通信状态是否正常，确定故障类型。

4. 故障处理

（1）需更换集中抄表终端。在移动作业终端上填写设备更换原因、处理结果，发起集中抄表终端装拆流程，详见“5.9 集中抄表终端装拆”。

（2）无需更换集中抄表终端。对接线松动、任务参数类故障、电池失效等引起故障进行处理，在移动作业终端上填写异常原因、处理结果。

5. 回单

通过移动作业终端填写集中抄表终端故障处理工作完成情况，完成回单。

5.11 专变采集终端装拆

5.11.1 作业前准备

1. 准备工作安排

根据营销现场作业类型与风险等级对应关系，非变电站内的终端装拆及更换，风险等级为五级，宜采用配电第二种工作票。

2. 上门服务准备工作

（1）预约联系。提前与客户联系，预约现场作业时间。

（2）根据工作内容准备所需工器具，检查是否合格，符合实际要求。

（3）正确佩戴智能安全帽，保持仪容仪表整洁干净，佩戴好工作证件、着统一工装、穿好绝缘鞋。

（4）领取所需终端、封印及其他材料，核对所领取的材料是否符合装拆工作单要求。

（5）检查移动作业终端（手机）、背夹、蓝牙打印机，查看工作任务单。

（6）作业前的组织和技术措施参照《安规》要求。

3. 工器具与设备

专变采集终端装拆工器具与设备见表5-21。

表5-21　　专变采集终端装拆工器具与设备

序号	名称	单位	数量	安全要求
1	螺丝刀组合	套	1	1. 常用工具金属裸露部分应采取绝缘措施，经检验合格，螺丝刀除刀口以外的金属裸露部分应用绝缘胶布包裹，经检验合格；
2	电工刀	把	1	
3	斜口钳	把	1	
4	尖嘴钳	把	1	
5	扳手组合	套	1	
6	剥线钳	把	1	
7	电源盘	盘	1	
8	低压验电笔	只	1	

续表

序号	名称	单位	数量	安全要求
9	高压验电器	只	1	2. 设备、安全工器具应检验合格，在有效期内； 3. 其他根据现场需求配置
10	绝缘梯	架	1	
11	双控背带式安全带	副	1	
12	万用表	只	1	
13	电锤	只	1	
14	手电钻	只	1	
15	场强测试仪	台	1	
16	功率计	台	1	
17	电能表通信口测试仪	台	1	
18	照明设备	台	1	

4. 风险点分析与预防控制措施

专变采集终端装拆风险点分析与预防控制措施见表5-22。

表5-22　　专变采集终端装拆风险点分析与预防控制措施

序号	防范类型	风险点	预防控制措施
1	人身触电与伤害	走错工作间隔	1. 工作负责人对工作班成员应进行安全教育，作业前对工作班成员进行危险点告知，明确带电设备位置，交代安全措施和技术措施，履行确认手续； 2. 核对设备双重名称，在工作地点设置“在此工作”标示牌； 3. 核对工作任务单与现场信息是否一致
		电动工具外壳漏电	电动工具应检测合格，在合格期内，金属外壳必须可靠接地，工作电源装有漏电保护器
		设备外壳漏电	对采集终端金属箱体接地检查，验电
		使用临时电源不当	1. 接取临时电源时安排专人监护； 2. 检查接入电源的线缆有无破损，连接是否可靠
		短路或接地	1. 使用合格的工器具，螺丝刀除刀口以外的金属裸露部分应用绝缘胶布包裹； 2. 防止操作时相间或相对地短路，加强移动监护
		电弧灼伤	装拆时，宜断开各方面电源（含辅助电源），若不停电进行，应做好绝缘包裹等有效隔离措施，防止相间短路、相对地短路，工作人员应穿绝缘鞋和全棉长袖工作服，戴手套、智能安全帽和护目镜，站在干燥的绝缘物上进行，对地保持可靠绝缘

续表

序号	防范类型	风险点	预防控制措施
1	人身触电与伤害	雷电伤害	室外高空天线处工作注意天气，雷雨天气禁止作业
		电流互感器二次侧开路	加强监护，严禁电流互感器二次侧开路
		电压互感器二次侧短路	加强监护，严禁电压互感器二次侧短路
2	机械伤害	戴手套使用转动电动工具	使用转动电动工具严禁戴手套
3	高空坠落	使用不合格登高用安全工器具	按规定对各类登高用工器具进行定期试验和检查，确保使用合格的工器具
		高空摔跌（坠物）	在屋顶以及其他危险的边沿进行工作，临空一面应装设安全网或防护栏杆，否则，作业人员应使用双控背带式安全带，安全带使用应符合《安规》要求
		绝缘梯使用不当	1. 使用前检查梯子的外观，以及编号、检验合格标识，确认符合安全要求； 2. 应派专人扶持，防止绝缘梯滑动； 3. 高空作业上下传递物品，不得抛掷，必须使用工具夹或工具袋，通过绳索传递，防止物品跌落引发事故
4	设备损坏	接线时压接不牢固、接线错误导致设备损坏	加强监护、检查
		设备损坏	设备应经检测合格，使用时应注意量程设定和规范使用
		设备材料运输、保管不善造成损坏、丢失	加强设备材料管理，采用防震、防潮、防尘措施进行运输
		工器具损坏或遗留在工作地点	正确使用工器具，规范管理，作业前后应清点工器具
5	营销服务事故	客户断路器误跳闸	1. 解除控制回路连接片，防止断路器误跳闸； 2. 接入控制回路时，注意断路器的跳闸方式（分励、失压），防止短路，防止断路器误跳闸； 3. 跳闸测试前应同客户协商同意后，由其配合操作，以免造成营销服务事故
		数据采集错误	专变采集终端装拆工作结束前，应验证电能表数据、采集终端数据、采集主站数据三者的一致性，以免数据采集错误导致营销服务事故

5.11.2　作业流程

专变采集终端装拆作业流程如图 5-11 所示。

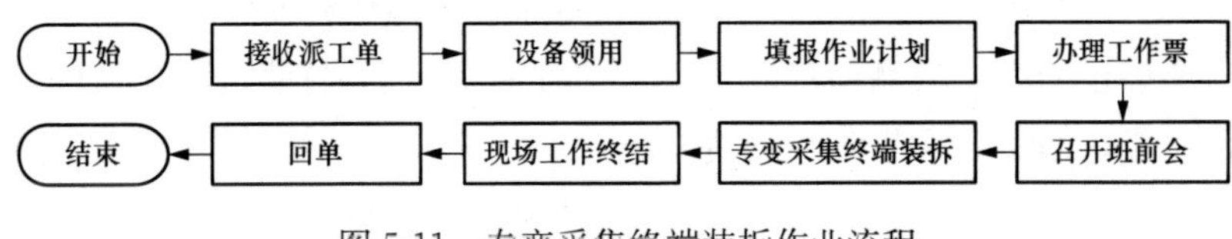

图 5-11　专变采集终端装拆作业流程

5.11.3　作业规范

1. 接收派工单

通过移动作业终端签收专变采集终端装拆工单。

2. 设备领用

通过门禁识别进入数字库房（移动仓、智能周转柜），领取相应的作业工器具和计量设备。

3. 填报作业计划

通过移动作业终端填写作业任务内容、设置风险等级等信息。

4. 办理工作票

（1）通过移动作业终端办理工作票，选择工作票类型、负责人等信息，生成《配电第二种工作票》或《现场作业工作卡》。

（2）工作票签发人签发工作票。

（3）工作许可人对本次工作进行许可。

5. 召开班前会

（1）布置现场安全措施（警示围栏、警示标志等）。

（2）组织班组成员召开班前会，宣读安全措施，在移动作业终端上传班前会召开过程的录音和照片，班组成员完成电子签名。

6. 专变采集终端装拆

（1）拆除/安装专变采集终端。

（2）配置专变采集终端通信地址、IP地址、通信网关等参数。

（3）通过移动作业终端扫描获取专变采集终端资产编号、抄读封印编号，拍照留存，完成新旧专变采集终端档案变更。

（4）“一键调试”完成用采系统主站任务配置和参数下发。

7. 现场工作终结

（1）作业完毕清理现场，拆除现场安全措施。

（2）通过移动作业终端办理工作票终结手续。

8. 回单

通过移动作业终端填写专变采集终端装拆工作完成情况，完成回单。

5.12 专变采集终端故障处理

5.12.1 作业前准备

1. 准备工作安排

根据营销现场作业类型与风险等级对应关系，非变电站内的终端故障，风险等级为四级，宜采用配电第二种工作票。

2. 上门服务准备工作

（1）预约联系。提前与客户联系，预约现场作业时间。

（2）根据工作内容准备所需工器具，检查是否合格，符合实际要求。

（3）戴上智能安全帽，保持仪容仪表整洁干净，佩戴好工作证件、着统一工装、穿好绝缘鞋。

（4）领取所需终端、封印及其他材料，核对所领取的材料是否符合装拆工作单要求。

（5）检查移动作业终端（手机）、背夹、蓝牙打印机，查看工作任务单。

3. 工器具与设备

专变采集终端故障处理工器具与设备见表 5-23。

表 5-23 专变采集终端故障处理工器具与设备

序号	名称	单位	数量	安全要求
1	螺丝刀组合	套	1	1. 常用工具金属裸露部分应采取绝缘措施，经检验合格，螺丝刀除刀口以外的金属裸露部分应用绝缘胶布包裹，经检验合格； 2. 设备、安全工器具应检验合格，在有效期内； 3. 其他根据现场需求配置
2	电工刀	把	1	
3	斜口钳	把	1	
4	网线钳	把	1	
5	尖嘴钳	把	1	
6	扳手组合	套	1	
7	剥线钳	把	1	
8	电源盘	盘	1	
9	低压验电笔	只	1	
10	高压验电器	只	1	
11	绝缘梯	架	1	
12	双控背带式安全带	副	1	
13	万用表	只	1	
14	便携式钳型相位表	台	1	
15	电能表通信口测试仪	台	1	
16	照明设备	台	1	

4. 风险点分析与预防控制措施

专变采集终端故障处理风险点分析与预防控制措施见表 5-24。

表 5-24 专变采集终端故障处理风险点分析与预防控制措施

序号	防范类型	风险点	预防控制措施
1	人身触电与伤害	走错工作间隔	1. 工作负责人对工作班成员应进行安全教育，作业前对工作班成员进行危险点告知，明确带电设备位置，交代安全措施和技术措施，履行确认手续； 2. 核对设备双重名称，在工作地点设置“在此工作”标示牌； 3. 核对工作任务单与现场信息是否一致
		电动工具外壳漏电	电动工具应检测合格，在合格期内，金属外壳必须可靠接地，工作电源装有漏电保护器

续表

序号	防范类型	风险点	预防控制措施
1	人身触电与伤害	使用临时电源不当	1. 接取临时电源时安排专人监护； 2. 检查接入电源的线缆有无破损，连接是否可靠
		短路或接地	1. 移动电源盘，应带漏电保护器； 2. 检查接入电源的电线有无破损，接入电源应固定牢靠； 3. 使用合格的工器具，螺丝刀除刀口以外的金属裸露部分应用绝缘胶布包裹； 4. 防止操作时相间或相对地短路，加强移动监护
		电弧灼伤	装拆时，宜断开各方面电源（含辅助电源）。若不停电进行，应做好绝缘包裹等有效隔离措施，防止相间短路、相对地短路，工作人员应穿绝缘鞋和全棉长袖工作服，戴手套、智能安全帽和护目镜，站在干燥的绝缘物上进行，对地保持可靠绝缘
		雷电伤害	室外高空天线处工作注意天气，雷雨天气禁止作业
		电流互感器二次侧开路	加强监护，严禁电流互感器二次侧开路
		电压互感器二次侧短路	加强监护，严禁电压互感器二次侧短路
2	机械伤害	戴手套使用转动电动工具	使用转动电动工具严禁戴手套
3	高空坠落	使用不合格登高用安全工器具	按规定对各类登高用工器具进行定期试验和检查，确保使用合格的工器具
		高空摔跌（坠物）	在屋顶以及其他危险的边沿进行工作，临空一面应装设安全网或防护栏杆，否则，作业人员应使用双控背带式安全带，安全带使用应符合《安规》要求
		绝缘梯使用不当	1. 使用前检查梯子的外观，以及编号、检验合格标识，确认符合安全要求； 2. 应派专人扶持，防止绝缘梯滑动； 3. 高空作业上下传递物品，不得抛掷，必须使用工具夹或工具袋，通过绳索传递，防止引发事故
4	设备损坏	接线时压接不牢固、接线错误导致设备损坏	加强监护、检查
		设备损坏	设备应经检测合格，使用时应注意量程设定和规范使用
		设备材料运输、保管不善造成损坏、丢失	加强设备材料管理，采用防震、防潮、防尘措施进行运输
		工器具损坏或遗留在工作地点	正确使用工器具，规范管理，作业前后应清点工器具

续表

序号	防范类型	风险点	预防控制措施
5	营销服务事故	客户断路器误跳闸	1. 解除控制回路连接片，防止断路器误跳闸； 2. 接入控制回路时，注意断路器的跳闸方式（分励、失压），防止短路，防止断路器误跳闸； 3. 跳闸测试前应同客户协商同意后，由其配合操作，以免造成营销服务事故
		数据采集错误	专变采集终端故障处理工作结束前，应验证电能表数据、采集终端数据、采集主站数据三者的一致性，以免数据采集错误导致营销服务事故

5.12.2　作业流程

专变采集终端故障处理作业流程如图 5-12 所示。

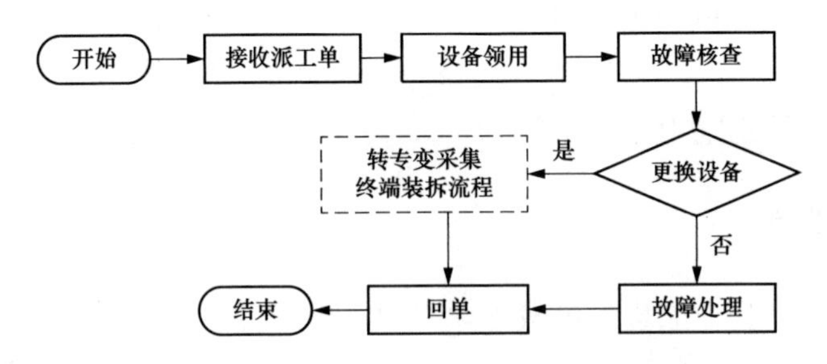

图 5-12　专变采集终端故障处理作业流程

5.12.3　作业规范

1. 接收派工单

通过移动作业终端签收专变采集终端故障处理工单。

2. 设备领用

通过门禁识别进入数字库房（移动仓、智能周转柜），领取相应的作业工器具和计量设备。

3. 现场核查

（1）根据专变采集终端故障信息等内容，确认故障变采集终端装置位置。

（2）检查专变采集终端是否存在黑屏、烧毁死机等异常问题，判断与主站通信状态是否正常，确定故障类型。

4. 故障处理

（1）需更换专变采集终端。在移动作业终端上填写设备更换原因、处理结果，发起专变采集终端装拆流程，详见“5.11 专变采集终端装拆”。

（2）无需更换专变采集终端。对接线松动、任务参数类故障、电池失效等引起故障进行现场处理，在移动作业终端上填写异常原因、处理结果。

5. 回单

通过移动作业终端填写专变采集终端故障处理工作完成情况，完成回单。

5.13 采集故障研判

5.13.1 作业前准备

1. 准备工作安排

根据营销现场作业类型与风险等级对应关系，低压电能计量装置故障处理风险等级为五级，宜采用低压工作票，变电站计量装置故障处理，风险等级为四级，宜采用变电第二种工作票，全程使用视频监控设备，非变电站计量装置故障处理（单一班组、单一专业，或作业人员不超过 5 人），风险等级为四级，宜采用配电第二种工作票，集中抄表终端（集中器、采集器）故障处理作业风险等级为五级，宜采用低压工作票，非变电站内的终端故障，风险等级为四级，宜采用配电第二种工作票。

2. 上门服务准备工作

（1）接受工作任务。

（2）客户预约。需客户配合的，应提前和客户预约现场作业时间。

（3）准备和检查仪器设备。根据工作内容准备所需仪器设备，检查是否符合作业要求。

（4）准备和检查工器具。根据工作内容准备所需工器具，检查是否符合实际要求。

3. 工器具与设备

采集故障研判工器具与设备见表5-25。

表5-25　　采集故障研判工器具与设备

序号	名称	单位	数量	安全要求
1	螺丝刀组合	套	1	1. 常用工具金属裸露部分应采取绝缘措施，经检验合格，螺丝刀除刀口以外的金属裸露部分应用绝缘胶布包裹，经检验合格； 2. 设备、安全工器具应检验合格，在有效期内； 3. 其他根据现场需求配置
2	电工刀	把	1	
3	钢丝钳	把	1	
4	斜口钳	把	1	
5	尖嘴钳	把	1	
6	扳手	套	1	
7	电钻	把	1	
8	电源	只	1	
9	低压验电笔	只	1	
10	高压验电器	只	1	
11	钳形万用表	块	1	
12	绝缘梯	部	1	
13	护目镜	副	1	
14	登高工具	副	1	
15	双控背带式安全带	副	1	
16	智能安全帽	顶/人	1	
17	绝缘鞋	双/人	1	
18	绝缘手套	副/人	1	
19	面纱防护手套	副/人	1	
20	手持设备	台	1	
21	电锤	把	1	
22	无线网络信号测试仪	只	1	
23	电能表通信口测试仪	台	1	
24	热风机	只	1	
25	数码相机	台	按需配置	
26	照明设备	只	1	
27	现场计量作业终端，含外设模块（采集故障识别模块、计量故障识别模块、超高频RFID模块等）	台	1	

4. 风险点分析与预防控制措施

采集故障研判风险点分析与预防控制措施见表 5-26。

表 5-26　　　　采集故障研判风险点分析与预防控制措施

序号	防范类型	风险点	预防控制措施
1	人身伤害或触电	误碰带电设备	1. 在电气设备上作业时，应将未经验电的设备视为带电设备； 2. 在高、低压设备上工作，应至少由两人进行，完成保证安全的组织措施和技术措施； 3. 工作人员应正确使用合格的安全绝缘工器具和个人劳动防护用品； 4. 高、低压设备应根据工作票所列安全要求，落实安全措施；涉及停电作业的应实施停电、验电、接地、悬挂标示牌和装设围栏（遮栏）后方可工作；工作负责人应会同工作许可人确认停电范围、断开点、接地、标示牌正确无误；工作负责人在作业前应要求工作许可人当面验电，必要时工作负责人还可使用自带验电器（笔）重复验电； 5. 工作许可人应指明作业现场周围的带电部位，工作负责人确认无倒送电的可能； 6. 应在作业现场装设临时遮栏，将作业点与邻近带电部位隔离。作业中应保持与带电设备的安全距离； 7. 严禁工作人员未履行工作许可手续擅自开启电气设备柜门或操作电气设备； 8. 严禁在未采取任何监护措施和保护措施情况下现场作业； 9. 拍照应加强监护，拍照全过程中应戴好手套，严禁直接触碰裸露导体；作业前核对设备名称和编号，要保持与带电设备足够的安全距离，无法满足安全距离的情况下，严禁拍照； 10. 严禁擅自扩大工作范围、增加或变更工作任务，严禁擅自变更安全措施；增加工作任务时，如不涉及停电范围及安全措施的变化，现有条件可以保证作业安全，经工作票签发人和工作许可人同意后，可以使用原工作票，但应在工作票上注明增加的工作项目，告知作业人员；如果增加工作任务时涉及变更或增设安全措施时，应先办理工作票终结手续，然后重新办理新的工作票，履行签发、许可手续后，方可继续工作
		走错工作位置	1. 工作负责人对工作班成员应进行安全教育，作业前对工作班成员进行危险点告知，明确指明带电设备位置，交代工作地点及周围的带电部位及安全措施和技术措施，履行签名确认手续； 2. 相邻有带电间隔和带电部位，必须装设临时遮栏，设专人监护； 3. 核对工作票、故障处理工作单内容与现场信息是否一致
		电能表箱、终端箱、电动工具漏电	1. 电动工具应检测合格，在合格期内，金属外壳必须可靠接地，工作电源装有漏电保护器； 2. 工作前应用验电笔对金属电能表箱、终端箱进行验电，检查电能表箱、终端箱接地是否可靠； 3. 如需在电能表、终端 RS-485 口进行工作，工作前应先对电能表、终端 RS-485 口进行验电

续表

序号	防范类型	风险点	预防控制措施
1	人身伤害或触电	短路或接地	1. 工作中使用的工具，其外裸的导电部位应采取绝缘措施； 2. 加强监护，防止操作时相间或相对地短路； 3. 带电装拆电能表时，带电的导线部分应做好绝缘措施； 4. 严禁在接地保护范围外工作
		停电作业发生倒送电	1. 工作负责人应会同工作许可人现场确认作业点已处于检修状态，使用验电器（笔）确证无电压； 2. 确认作业点安全隔离措施，各方面电源、负载端必须有明显断开点； 3. 确认作业点电源、负载端均已装设接地线，接地点可靠； 4. 自备发电机只能作为试验电源或工作照明用，严禁接入其他电气回路
		使用临时电源不当	1. 接取临时电源时戴护目镜、手套，穿绝缘鞋，接触金属箱（屏、柜）前应先验电； 2. 应安排专人监护； 3. 检查接入电源的线缆有无破损，连接是否可靠； 4. 检查电源盘漏电保护装置是否正常； 5. 禁止将电源线直接钩挂在闸刀上或直接插入插座内使用
		电流互感器二次回路开路、电压互感器二次回路短路	1. 电能表接线回路采用统一标准的联合接线盒； 2. 不得将回路的永久接地点断开； 3. 进行电能表装接工作时，先在联合接线盒内短接电流连接片，脱开电压连接片； 4. 工作时设专人监护，使用绝缘工具，站在干燥的绝缘物上进行； 5. 短接电流互感器二次绕组，应使用短路片或短路线，禁止用导线缠绕； 6. 工作中使用的工具，其外裸的导电部位应采取绝缘措施，防止操作时相间或相对地短路
		雷电伤害	室外工作应注意天气，雷雨天禁止作业
		工作前未进行验电，或未使用相应电压等级、合格的验电器进行验电	1. 工作前应先验电； 2. 使用相应电压等级、合格的验电器，高压验电应戴绝缘手套、穿绝缘靴； 3. 工作前应在有电设备上对验电笔（器）进行测试，确保良好，无法在有电设备上进行验电时可用工频高压发生器等确证验电器良好； 4. 对无法直接验电的设备，应间接验电，即通过设备的机械位置指示、电气指示、带电显示装置、仪表及各种遥测、遥信等信号的变化来判断，判断时，至少应有两个非同样原理或非同源的指示发生对应变化，且所有这些确定的指示均已发生对应变化，方可确认该设备已无电压
		带负荷送电	送电前，确认出线侧断路器关处于断开位置，派专人看守，防止有人误合出线侧断路器

续表

序号	防范类型	风险点	预防控制措施
2	机械伤害	使用电动工具，可能引起机械伤害	使用转动电动工具严禁戴手套，不得手提导线或转动部分
		使用不合格工器具	按规定对各类器具进行定期试验和检查，确保使用合格的工器具
		高空抛物	高处作业上下传递物品，不得投掷，必须使用工具袋，通过绳索传递，防止从高空坠落发生事故
		箱体爆炸或箱门异常关闭引起机械伤害	对运行时间较长且未安装牢固的杆上柜（箱），严禁现场开箱操作；当打开计量箱门进行检查或操作时，应站立至箱门侧面，减小箱内设备异常引发爆炸带来的伤害；箱门开启后应采取有效措施对箱门进行固定，防范由于刮风或触碰造成箱门异常关闭而导致事故
3	高空坠落	使用不合格登高用安全工器具	按规定对各类登高用安全工器具进行定期试验和检查，确保使用合格的工器具
		绝缘梯使用不当	1. 使用前检查绝缘梯的外观，以及编号、检验合格标识，确认符合安全要求； 2. 登高使用绝缘梯时应设置专人监护； 3. 梯子应有防滑措施，使用单梯工作时，梯子与地面的倾斜角度为60°左右，梯子不得绑接使用，人字梯应有限制开度的措施，人在梯子上时，禁止移动梯子
		登高作业操作不当	1. 登高作业前应先检查杆根，对脚扣和登高板进行承力检验； 2. 登高作业应使用双控背带式安全带，双控背带式安全带应系在牢固的固件上，严禁低挂高用； 3. 在攀登杆塔作业前，应检查杆根、基础和拉线是否牢固，地脚螺栓应随即加垫板，拧紧螺母及打毛丝扣
4	设备损坏	计量柜（箱）内遗留工具，导致送电后短路，损坏设备	工作结束后应打扫、整理现场；认真检查携带的工器具，确保无遗留
		仪器仪表损坏	规范使用仪器仪表，选择合适的量程
		接线时压接不牢固或错误	加强作业过程中的监护、检查工作，防止接线时因压接不牢固或错误损坏设备
5	计量差错	接线错误	工作班成员接线完成后，应对接线进行检查，加强互查
6	信息安全风险	账号密码泄露	采集系统主站用户应妥善保管账号及密码，不得随意授予他人
		涉密数据泄露	1. 采集系统主站客户端禁止在管理信息内、外网之间交叉使用； 2. 采集系统主站客户端计算机应安装防病毒、桌面管理等安全防护软件； 3. 采集系统主站客户端及外围设备交由外部单位维修处理应经信息运维单位（部门）批准； 4. 报废采集系统主站客户端、员工离岗离职时留下的终端设备应交由相关部门处理

5.13.2　作业流程

采集故障研判作业流程如图 5-13 所示。

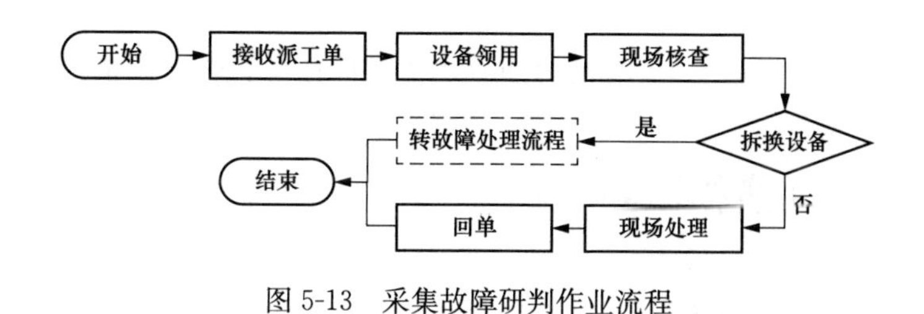

图 5-13　采集故障研判作业流程

5.13.3　作业规范

1. 接收派工单

通过移动作业终端签收采集故障处理工单。

2. 设备领用

通过门禁识别进入数字库房（移动仓、智能周转柜），领取相应的作业工器具和计量设备。

3. 现场核查

现场排查终端离线、终端频繁登录主站、终端数据采集失败、采集终端数据时有时无、终端数据采集错误、终端事件上报异常、电能表反向电量走字异常、电能表数据倒走或飞走异常、电能表数据停走、电能表数据示值不平等异常。

4. 现场处理

（1）需更换设备。终端离线、终端频繁登录主站、终端数据采集失败、采集终端数据时有时无、终端数据采集错误、终端事件上报异常等异常处理流程参照“5.10 集中抄表终端故障处理”与“5.12 专变采集终端故障处理”；电能表反向电量走字异常、电能表数据倒走或飞走异常、电能表数据停走、电能表数据示值不平等异常处理流程参照“5.5 低压电能计量装置故障处理”与“5.8 高压电能计量装置故障处理”。

（2）无需更换设备。对接线异常等引起故障进行处理，通过移动作业终端填写异常原因、处理结果，客户电子签名确认。

5. 回单

通过移动作业终端填写采集故障研判工作完成情况，完成回单。

5.14 台区线损诊断

5.14.1 作业前准备

1. 准备工作安排

根据营销现场作业类型与风险等级对应关系，低压计量装置故障处理风险等级为四级，宜采用低压工作票，集中抄表终端（集中器、采集器）装拆及验收作业风险等级为五级，宜采用低压工作票，用电检查工作对应风险等级为五级，宜填用现场作业工作卡。

2. 上门服务准备工作

（1）接受工作任务。

（2）与客户预约。需客户配合的，应提前和客户预约现场作业时间。

（3）准备和检查仪器设备。根据工作内容准备所需仪器设备，检查是否符合作业要求。

（4）准备和检查工器具。根据工作内容准备所需工器具，检查是否符合实际要求。

3. 工器具与设备

台区线损诊断工器具与设备见表5-27。

表5-27　台区线损诊断工器具与设备

序号	名称	单位	数量	安全要求
1	台区户变关系识别仪	台	1	1. 常用工具金属裸露部分应采取绝缘措施，经检查合格，螺丝刀除刀口以外的金属裸露部分应用绝缘包裹措施，经检查合格；
2	现场电能表校验仪	台	1	
3	便携式钳形相位伏安表	台	1	

续表

序号	名称	单位	数量	安全要求
4	高压验电器	只	1	2. 仪器仪表、安全工器具应检验合格，在有效期内； 3. 其他根据现场需求配置，可参考相关环节涉及的作业指导书配置
5	钳形电流表	只	按需求配置	
6	其他		按需求配置	

4. 风险点分析与预防控制措施

台区线损诊断风险点分析与预防控制措施见表 5-28。

表 5-28　　台区线损诊断风险点分析与预防控制措施

序号	防范类型	风险点	预防控制措施
1	人身触电与伤害	误碰带电设备、电弧灼伤	1. 在无法满足安全距离的情况下，严禁拍照； 2. 工作人员应穿绝缘鞋和全棉长袖工作服，戴手套、智能安全帽和护目镜，站在干燥的绝缘物上进行操作，对地保持可靠绝缘
2	设备损坏丢失	设备材料运输、保管不善造成损坏、丢失	加强设备材料管理，采用防震、防潮、防尘措施进行运输
		工器具损坏或遗留在工作地点	正确使用工器具，规范管理，作业前后应清点工器具

5.14.2　作业流程

台区线损诊断作业流程如图 5-14 所示。

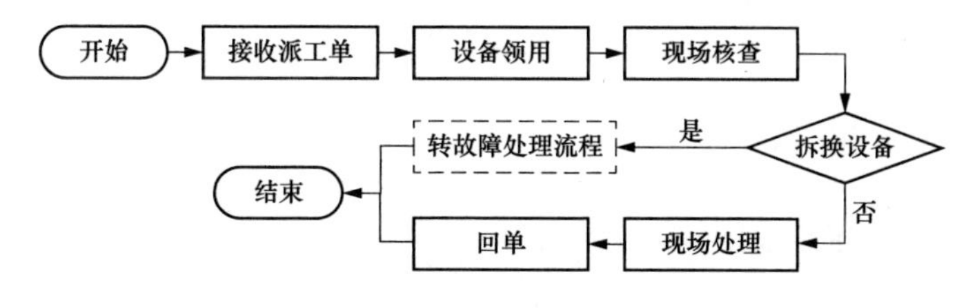

图 5-14　台区线损诊断作业流程

5.14.3　作业规范

1. 接收派工单

通过移动作业终端签收台区线损异常排查工单。

2. 设备领用

通过门禁识别进入数字库房（移动仓、智能周转柜），领取相应的作业工器具和计量设备。

3. 现场核查

现场排查采集故障、台区关口计量装置、客户计量装置、户变关系、无表用电、窃电、技术线损等异常。

4. 现场处理

（1）需更换设备。采集故障、台区总表故障、客户电能表故障、电流互感器故障处理参照“5.4 低压电能计量装置装拆”和“5.9 集中抄表终端装拆”。

（2）无需更换设备。户变关系异常处理参照“5.18 户变关系研判及处理”；无表用电、窃电处理参照“5.17 客户用电检查”；接线异常等引起故障进行现场处理，通过移动作业终端填写异常原因、处理结果，完成客户电子签名确认。

5. 回单

通过移动作业终端填写现台区线损诊断工作完成情况，完成回单。

5.15 电费催收

5.15.1 作业流程

电费催收作业流程如图 5-15 所示。

5.15.2 作业规范

1. 非费控客户

（1）查询欠费客户明细。通过移动作业终端查询欠费客户详细信息。

（2）催费信息告知客户。通过短信、微信、电话或现场告知等方式将催费信息告知客户。

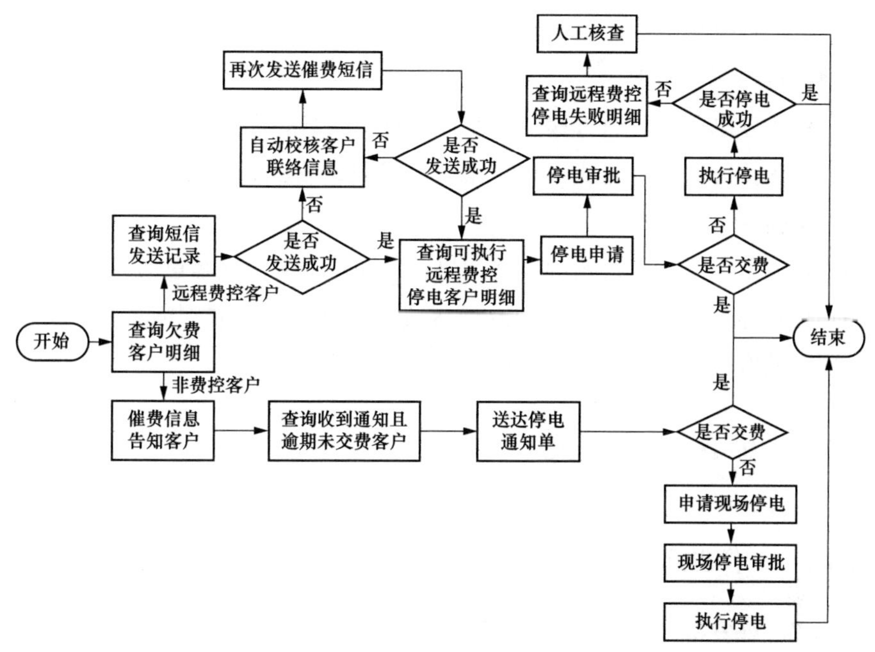

图 5-15　电费催收作业流程

（3）查询可执行停电客户明细。通过移动作业终端查询收到短信且逾期未交费的客户信息。

（4）送达停电通知单。通过移动作业终端完成派工单流程后，将停电通知单送达客户。

（5）现场停电申请。对于已送达停电通知单且在规定时间内仍未交纳电费的客户，通过移动作业终端发起现场停电申请。

（6）现场执行停电。现场停电审批完成后，对客户进行现场停电操作。

2. 远程费控客户

（1）查询欠费客户明细。通过移动作业终端查询欠费客户详细信息。

（2）查询短信发送失败客户明细。通过移动作业终端查询欠费短信发送失败客户明细。

（3）校核客户联络信息。前往现场获取客户联络信息，通过移动作业终端更新客户档案。

（4）系统再次发送欠费短信。费控系统再次发送欠费短信，对客户联络信息进行验证。

(5) 查询可执行费控停电客户明细。通过移动作业终端查询短信发送成功且仍未交纳电费的客户明细。

(6) 费控停电申请。通过移动作业终端对未交纳的客户发起停电申请。

(7) 远程执行停电。完成停电审批，系统自动发送短信成功后，可在费控系统下发停电指令。

(8) 查询费控停电失败明细。查询执行费控停电失败的客户信息。

(9) 远程停电失败原因核查。通过移动作业终端完成派工流程后，对执行费控停电失败的客户进行现场核查。

5.16 客户用电检查

5.16.1 作业前准备

1. 准备工作安排

根据营销现场作业类型与风险等级对应关系，用电检查工作对应风险等级为五级，宜填用现场作业工作卡。

2. 上门服务准备工作

(1) 智能安全帽等安全工器具、常用工具及工具包、摄录设备、移动作业终端、电能计量专用封印工具、万用表、非接触测温仪、三相多功能相位伏安表、数字高压绝缘电阻表等。

(2) 通过营销系统、电能采集系统等，了解客户基本情况，掌握客户基本情况。

(3) 用电检查工作宜填用现场作业工作卡。

(4) 戴上智能安全帽，保持仪容仪表整洁干净，佩戴好工作证件、着统一工装、穿好绝缘鞋，携带所需工器具。

(5) 检查移动作业终端（手机）、背夹、蓝牙打印机，查看工作任务单。

(6) 作业前的组织和技术措施参照《安规》要求。

3. 工器具与设备

客户用电检查工器具与设备见表 5-29。

表 5-29　　客户用电检查工器具与设备

序号	名称	单位	内容	备注
1	智能安全帽等安全工器具	套	主要包括智能安全帽、统一工装、绝缘手套、绝缘鞋、绝缘梯等	必备
2	常用工具及工具包	套	主要包括钳形电流表、验电笔、手电筒、望远镜、放大镜等	必备
3	移动作业终端	台	主要包括手机、背夹等	必备
4	摄录设备	台	主要包括摄像设备、录音设备、供电服务记录仪等	必备
5	装表工器具	套	主要包括钢丝钳、尖嘴钳、螺丝刀、活动扳手、绝缘胶带等	用电检查工器具根据实际需要配备
6	电能计量专用封印工具	包	主要包括封印、封条、物证封装袋（箱）等	
7	测量工器具	套	主要包括相位伏安表、配变容量测试仪、高低压变比测试仪、三（单）相校验仪、非接触测温仪、SF_6 气体检测仪等	

4. 风险点分析与预防控制措施

客户用电检查风险点分析与预防控制措施见表 5-30。

表 5-30　　客户用电检查风险点分析与预防控制措施

序号	风险点	风险描述	预防控制措施
1	用电检查不规范	未按规定和周期要求制定检查计划	制定检查计划，落实用电检查的考核制度
		未按要求提前准备检查所需的设备及资料	在执行用电检查任务前，全面检查所带资料及设备，确保设备工作正常
		替代客户操作受电装置和电气设备	加强工作人员培训，强调不得替代客户操作电气设备
2	发生触电、人身、意外等伤害事件	特殊气候条件下，如雷雨、大雾、大风等天气，户外设备巡检存在危险	特殊气候条件下，如雷雨、大雾、大风等天气时，现场检查人员应避免户外设备巡视工作
		现场设备外壳保护接地不可靠，对外勤人员安全造成隐患	检查人员应避免直接触碰设备外壳，如确需触碰，应在确保设备外壳可靠接地的条件下进行
		户内 SF_6 设备检查，存在有害气体泄漏，对外勤人员造成伤害的隐患	检查人员进入 SF_6 装置室，应确认能报警的氧含量仪和 SF_6 气体泄漏报警仪无异常报警后，方可进入；入口处若无 SF_6 气体含量显示器，应先通风 15 分钟，用检漏仪测量 SF_6 气体含量合格

续表

序号	风险点	风险描述	预防控制措施
2	发生触电、人身、意外等伤害事件	检查通道内枯井、沟坎时，遭遇动物攻击等，可能给外勤人员安全健康造成危害	外勤人员进入以上现场检查作业，应充分了解现场情况，配备足够的照明用具及防护设备，确保安全
		现场设备带电、交叉跨越、同杆架设等，可能给外勤人员带来危险	外勤人员进入以上现场检查作业，应先充分了解，核准现场设备运行情况及风险点，明确安全检查通道，与带电设备保持足够安全距离，采取有效防护措施，避免误碰误接触带电设备或走错带电间隔；检查高压带电设备时，不得强行打开闭锁装置
3	用电检查中未能发现安全隐患或未开具书面整改通知单	外勤人员技能欠缺，用电检查中未能发现用电安全隐患	加强用电检查人员培训，提高外勤人员技能素质
		检查中发现的安全隐患未充分告知客户，未开具书面检查结果通知书	加强用电检查工作质量考核
		未对隐患进行跟踪，督促客户进行整改	加强用电检查工作质量考核
4	检查过程中客户不配合检查	客户不允许外勤人员进入	外勤人员应首先主动向被检查客户表明身份、出示证件，说明来意，对不配合检查的客户，必要时可以随带当地街道办等政府工作人员共同检查
		客户拒绝或推脱签字确认，存在检查结果无效的风险	充分与客户沟通，可采取录像或录音等方式记录，也可以采取函件、挂号信等送达方式，规避客户不配合情况
5	客户拒绝整改用电安全隐患	客户对用电检查时告知的用电安全隐患拒绝整改	对于重大隐患，客户不实施隐患整改，危及电网或公共用电安全的，向当地电力主管等相关政府部门落实报备工作要求，发放《限期整改告知书》督促整改工作，拒不整改的发放《中止供电通知书》，按规定审核、实施
6	资料未归档	检查流程未归档，检查不闭环	加强用电检查工作质量考核
		检查纸质档案资料遗失、未归档	加强用电检查工作质量考核

5.16.2 作业流程

客户用电检查作业流程如图 5-16 所示。

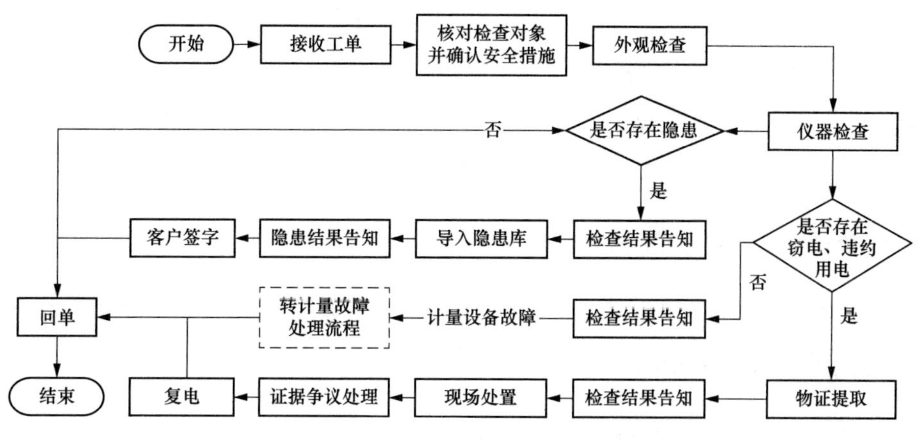

图 5-16　客户用电检查作业流程

5.16.3　作业规范

1. 接收工单

通过移动作业终端签收当月检查任务工单。

2. 核对检查对象并确认安全措施

（1）通过移动作业终端查询客户基本信息，现场核对客户名称、用电地址、电能表资产编号等是否正确。

（2）根据现场作业工作卡所列安全要求，落实安全措施。

3. 外观检查

检查现场环境、现场用电设备、计量装置及接线方面是否存在异常。

4. 仪器检查

（1）用低压验电笔或万用表、钳形电流表、相位伏安表、用电检查仪或电能表校验仪、变压器容量测试仪、电缆路径探测仪等仪表测试设备是否存在异常，结合计算法、瓦秒法、测试法判断是否存在窃电现象。

（2）通过移动作业终端按照规定步骤逐项核查客户各类信息与现场是否相符。

（3）通过移动作业终端对计量装置、暂停变压器封印情况进行现场拍照存档，记录填写检查结果。

（4）对电源配置情况、电气设备运行工况以及用电基础管理三方面隐患进行排查，检查供电电源配置是否满足安全生产要求、涉网设备及保护装置是否异常、涉网设备安全距离是否足够、作业电工是否持证等判断是否存在安全隐患。

5. 检查结果告知（如存在安全隐患）

对于检查发现的用电安全隐患，通过移动作业终端开具《用电检查结果通知书》，提出整改意见和措施。

6. 导入隐患库（如存在安全隐患）

通过移动作业终端将客户隐患信息一键上传隐患库。

7. 隐患结果告知（如存在安全隐患）

对于重大隐患，客户不实施隐患整改，危及电网或公共用电安全的，应落实“四到位”工作要求，书面报告当地政府电力、安全生产等相关主管部门，通过移动作业终端开具《限期整改告知书》现场打印转交客户，督促整改。

8. 客户签字（如存在安全隐患）

通过移动作业终端上对《用电检查结果通知书》进行电子签名确认。

9. 物证提取（如存在窃电、违约用电）

（1）通过移动作业终端拍照提取物证。

（2）现场固化重要物证，包括被故意损坏或改动的计量装置、专用窃电设备、违规搭接的线缆等。

10. 检查结果告知（如存在窃电、违约用电）

（1）通过移动作业终端填写《窃电、违约用电检查结果通知书》，当场告知用电人用电检查结果以及配合后续调查处理的相关事宜后，由用电人进行电子签收，用电人拒绝签收则在签收栏注明何人、何时拒绝签收，同步录音、录像。

（2）客户由于客观原因无法当面签收的，采取留置送达方式。留置送达须第三方见证人在场或电话告知用电人，现场打印《窃电、违约用电检查结果通知书》，在用电人处醒目位置张贴，同时拍照留存。

（3）通过移动作业终端对客户窃电、违约用电行为进行现场拍照、上传。

11. 现场处置（如存在窃电、违约用电）

（1）发现确有窃电行为的，应予制止，可当场终止供电。

（2）发现确有违约用电行为的，要求其拆除私增设备、停用违约使用设备、拆除擅自引入（供出）电源或私自并网接线等。

12. 证据争议处理（如存在窃电、违约用电）

（1）检查过程中，根据现场情况适时联系公安机关介入。

（2）双方对窃电、违约用电结果存在争议的，须对拆除的计量装置、变压器等进行联合封存，确定保管方式，送至技术鉴定机构鉴定。

（3）涉及金额较大或影响恶劣的窃电、违约用电案件，可上报公安机关，配合进入司法程序处理。

13. 复电（如存在窃电、违约用电）

检查结果无争议或客户完成交费后，为用电客户现场复电。

14. 回单

通过移动作业终端填写客户用电检查工作完成情况，完成回单。

5.17　户变关系研判及处理

5.17.1　作业前准备

1. 准备工作安排

根据营销现场作业类型与风险等级对应关系，户变关系研判风险等级为五级，宜采用低压工作票。

2. 上门服务准备工作

（1）根据工作内容准备所需工器具，检查是否合格，符合实际要求。

（2）戴上智能安全帽，保持仪容仪表整洁干净，佩戴好工作证件、着统一工装、穿好绝缘鞋。

（3）检查移动作业终端（手机）、背夹、蓝牙打印机，查看工作任务单。

（4）作业前的组织和技术措施参照《安规》要求。

3. 工器具与设备

户变关系研判及处理工器具与设备见表 5-31。

表 5-31　　户变关系研判及处理工器具与设备

序号	名称	单位	数量	安全要求
1	台区户变关系识别仪	台	1	1. 常用工具金属裸露部分应采取绝缘措施，经检查合格，螺丝刀除刀口以外的金属裸露部分应用绝缘包裹措施，经检查合格； 2. 仪器仪表、安全工器具应检验合格，在有效期内； 3. 其他根据现场需求配置，可参考相关环节涉及的作业指导书配置
2	现场电能表校验仪	台	1	
3	便携式钳形相位伏安表	台	1	
4	高压验电器	只	1	
5	钳形电流表	只	按需配置	
6	其他		按需配置	

4. 风险点分析与预防控制措施

户变关系研判及处理风险点分析与预防控制措施见表 5-32。

表 5-32　　户变关系研判及处理风险点分析与预防控制措施

序号	防范类型	风险点	预防控制措施
1	人身触电与伤害	误碰带电设备、电弧灼伤	1. 在无法满足安全距离的情况下，严禁拍照； 2. 工作人员应穿绝缘鞋和全棉长袖工作服，戴手套、智能安全帽和护目镜，站在干燥的绝缘物上进行，对地保持可靠绝缘
2	设备损坏丢失	设备材料运输、保管不善造成损坏、丢失	加强设备材料管理，采用防震、防潮、防尘措施进行运输
		工器具损坏或遗留在工作地点	正确使用工器具，规范管理，作业前后应清点工器具

5.17.2　作业流程

户变关系研判及处理作业流程如图 5-17 所示。

图 5-17　户变关系研判及处理作业流程

5.17.3　作业规范

1. 接收派工单

通过移动作业终端签收户变关系核查工单。

2. 设备领用

通过门禁识别进入数字库房（移动仓、智能周转柜），领取相应的作业工器具和计量设备。

3. 现场核查

（1）根据工作任务单核对台区信息、断路器信息，防止误操作。

（2）对台区客户档案信息进行校核，完成户变对应关系梳理。

4. 回单

通过移动作业终端填写户变关系研判及处理工作完成情况，完成回单。

5.18　配电消缺

5.18.1　作业前准备

1. 准备工作安排

根据消缺类型、作业风险点，确定风险等级，支撑配电消缺工作开展。

2. 准备工作

（1）确定工作负责人。

1）应由有线路施工工作经验、熟悉本规程、熟悉工作班成员的工作能力、熟悉检修作业范围内的设备情况，经中心（所、公司）生产领导书面批准的人员担任。

2）执行公司运维检修部（检修分公司）发布年度（季、月）检修计划和设备停电计划。

3）按照《电气装置安装工程 35 千伏及以下架空电力线路施工及验收规范》和《配电网技术导则实施细则》等安全技术标准组织检修工作。

（2）工作负责人组织现场勘查工作。

1）查看现场，确认本次通道内树木是否接触或接近高压带电导线，接触或接近时确定检修停电和作业范围。

2）确认可保留的带电部位和作业现场的条件、环境及其他危险点等。

3）做好现场勘察记录。

（3）编制树木砍伐、修剪作业方案。严格执行《安规》编制组织措施、技术措施、安全措施，经主管生产领导（总工程师）批准后执行。

（4）提交并办理相关停电申请（如有需要）。

1）确认现场检修设备的停电范围。

2）向调度提交书面停电申请单。

（5）准备树木砍伐、修剪作业所需的机具、安全器具等。

1）对作业现场所需的安全工器具、施工机具等检查、确认，满足本次施工要求。

2）使用竹梯时应检查试验周期和试验报告是否合格。

3）准备相关图纸及技术资料。

（6）开工前确定现场安全工器具、操作机具等摆放位置。摆放位置应确保现场施工安全、可靠。满足施工需求，不妨碍交通和行人安全。

（7）根据本次作业内容和现场任务分配好各作业人员，组织学习本指导书。

1）要求所有参与本次检修作业的人员都应熟悉作业现场情况，明确本次检修作业内容、进度要求、作业标准及安全注意事项。

2）操作油锯和电锯的作业人员，应分配由熟悉机械性能和操作方法的人员操作。

（8）办理许可手续。

1）应得到当值调度员或运检中心设备主人许可，工作许可人及工作负责人应记录清楚明确，复诵核对无误。

2）如确认不需要线路停电砍伐、修剪时应办理重合闸退出手续，履行口头或电话许可手续即可。

（9）规范填写电力线路第一种工作票。

1）工作票应按《安规》规范填写。

2）若一张停电作业工作票下设多个小组工作，每个小组应指定工作负责人（监护人），全体工作人员必须分工明确，任务落实到人，安全措施交代到位。

3. 工器具与设备

配电消缺工器具与设备见表5-33。

表5-33　　配电消缺工器具与设备

序号	名称	单位	数量	备注
1	电力工程车	辆	按需配置	
2	升降斗臂车	辆	按需配置	根据现场需要以及各单位实际情况确定车辆型号
3	梯子	把	按需配置	
4	汽油油锯	台	按需配置	
5	充电式电锯	台	按需配置	
6	手动钢锯	把	按需配置	
7	手动木锯	把	按需配置	
8	绝缘绳	条	按需配置	
9	白棕绳	条	按需配置	
10	个人工具	套	按需配置	
11	令克棒	个	按需配置	
12	接地线	组	按需配置	
13	警示护栏	个	按需配置	
14	警告牌	副	按需配置	
15	智能安全帽	顶	按需配置	
16	防护罩智能安全帽	顶	按需配置	
17	验电笔	个	按需配置	
18	验电笔	个	按需配置	
19	安全带	根	按需配置	
20	小绳（个人工具）	条	按需配置	
21	对讲机	台	按需配置	
22	移动作业终端（手机）、背夹、蓝牙打印机	套	1	

4. 风险点分析与预防控制措施

配电消缺风险点分析与预防控制措施见表 5-34。

表 5-34　　配电消缺风险点分析与预防控制措施

序号	工作规范和质量要求	风险点与风险描述	预防控制措施
1	1. 工作负责人按照有关规定办理好工作票许可手续； 2. 专责监护人明确被监护人的工作内容和范围，明确工作地点的带电部位； 3. 本工作负责人对本班作业人员进行明确分工，在开工前检查确认所有作业人员正确使用劳保、安全防护用品，对该作业所使用的材料、工器具进行清点检查； 4. 作业人员在工作负责人带领下进入检修现场，由工作负责人向所有作业人员详细交代检修任务、安全措施和安全注意事项，全体作业人员应明确作业范围、进度要求等内容，在到位人员签字栏上分别签名，安全互保的人员相互之间确定互保关系、签字； 5. 测量工、起重工、焊接工、压接工、电气试验工检查相关仪器仪表设备是否齐全，能否正常使用； 6. 辅助（外来）人员应检查个人安全工器具，明确工作内容	1. 铁路、河流、电力线路等重大跨越； 2. 在人口密集区和交通路口作业伤人； 3. 道路情况不熟； 4. 特殊地理位置造成伤害	1. 做好防止导线脱落的保护措施； 2. 了解线路周围道路情况，选择最佳行走路线； 3. 在人口密集区和交通路口更换绝缘子时，工作范围应设置安全围栏，杆塔上作业应防止掉东西； 4. 特殊地理位置更换绝缘子包括河流、水面上更换需要使用船只时应穿戴好救生衣
2	验电、挂接地线、装设安全围栏（遮栏）	1. 不验电就挂地线； 2. 使用不合格的验电器	1. 在监护人监护下验电； 2. 试验合格，与线路相应电压等级

续表

序号	工作规范和质量要求	风险点与风险描述	预防控制措施
3	沿线树木砍伐、修剪符合运行规范	1. 高空坠落； 2. 升降斗臂操作不当； 3. 高空落物； 4. 油锯或电锯操作不当	1. 现场地面工作人员均应戴好智能安全帽； 2. 作业现场设置围栏对外悬挂警告标志； 3. 工具材料下上传递用绳索，扣牢绳结； 4. 杆塔上拆装中的构件和摆放的物件要防止滑落； 5. 使用滑轮起吊物件，防止滑轮盖板脱落； 6. 导线修补时选择合适的压接地点，尽量避开在杆塔下方作业； 7. 作业现场应装设明显的遮栏、警告标志等； 8. 不得借助安全情况不明的物体或徒手攀登杆塔； 9. 检查杆根、脚钉、爬梯、拉线应牢固可靠； 10. 检查登杆工具、安全带应安全完好； 11. 梯子（有防滑措施）摆放角度得当，使用时有人扶持； 12. 杆塔上作业人员应系好安全带，戴好智能安全帽； 13. 安全带应高挂低用系在杆塔或牢固的构件上，扣牢扣环； 14. 杆塔上作业转移时，不得失去安全保护； 15. 操作斗臂应缓慢平稳，不得大幅度调节移动斗臂造成人身伤害； 16. 操作油锯或电锯方法应正确、应先检查所能锯到的范围内有无铁钉等金属物件，以防金属物体飞出伤人

5.18.2　作业流程

配电消缺作业流程如图 5-18 所示。

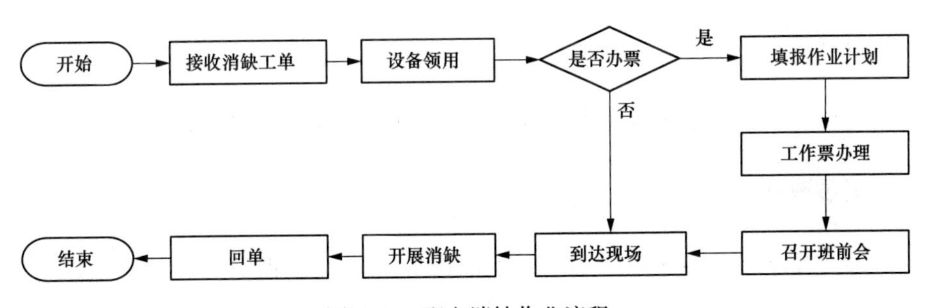

图 5-18　配电消缺作业流程

5.18.3 作业规范

1. 接收派工单

通过移动作业终端签收配电消缺工单。

2. 设备领用

（1）通过门禁识别进入数字库房（移动仓、智能周转柜）。

（2）领取相应的作业工器具和计量设备，离开库房。

（3）通过移动作业终端查看设备清单。

3. 填报作业计划

通过移动作业终端填写作业任务内容、设置风险等级等信息。

4. 办理工作票

（1）通过移动作业终端办理工作票，选择工作票类型、负责人等信息，生成《低压工作票》或《现场作业工作卡》。

（2）工作票签发人签发工作票。

（3）工作许可人对本次工作进行许可。

5. 召开班前会

（1）布置现场安全措施（警示围栏、警示标志等）。

（2）组织班组成员召开班前会，宣读安全措施，在移动作业终端上传班前会召开过程的录音和照片，班组成员完成电子签名。

6. 现场签到

到达现场后，通过移动作业终端一键上报位置坐标，完成现场签到。

7. 开展消缺

对架空线路、电缆线路、站所、配电设备等巡视过程中发现的缺陷隐患，根据缺陷隐患类型，无需停电操作的，现场开展消缺工作；需停电操作的，制定作业计划，办理工作票开展消缺工作。

8. 回单

通过移动作业终端填写配电消缺工作完成情况，完成回单。

5.19　配电巡视

5.19.1　作业前准备

1. 准备工作安排

根据巡视作业类型、范围和巡视内容，确定风险等级，支撑配电巡视工作开展。

2. 准备工作

（1）明确巡视类型。定期巡视按月度巡视计划执行，其他巡视根据季节特点、运行需要、工作安排等进行。

（2）确定巡视范围和巡视内容。确定巡视范围，明确线路及设备双重称号、识别标记、塔（杆）号及重点巡视内容，查询各运行信息系统，掌握巡视前线路及设备运行状态。

（3）巡视工具材料准备。按照巡视类型准备工器具、备品备件、车辆和巡视卡（记录）。

（4）组织人员学习作业指导书。班组长或值班长组织巡视人员学习作业指导书，使巡视人员熟悉巡视内容、巡视标准和安全注意事项。

3. 工器具与设备

配电巡视工器具与设备见表5-35。

表5-35　配电巡视工器具与设备

序号	名称	单位	数量	备注
1	智能安全帽	只	按需配置	
2	绝缘鞋	双	按需配置	
3	望远镜	只	按需配置	
4	测温仪器	只	按需配置	

续表

序号	名称	单位	数量	备注
5	测高仪	只	按需配置	
6	个人工器具	套	按需配置	
7	低压钳形电流表	只	按需配置	
8	万用表	只	按需配置	
9	局放检测仪	只	按需配置	
10	照相机	只	按需配置	
11	移动作业终端（手机）、背夹、蓝牙打印机	套	按需配置	
12	巡视卡（记录）	张	按需配置	
13	警告标志	张	按需配置	
14	本区段的线路图	张	按需配置	
15	钥匙	套	按需配置	
16	照明灯	盏	按需配置	

4. 风险点分析与预防控制措施

配电巡视风险点分析与预防控制措施见表 5-36。

表 5-36　　配电巡视风险点分析与预防控制措施

工作规范和质量要求	风险点与风险描述	预防控制措施
配电线路、设备、站所巡视规范和标准	1. 人身触电； 2. 误入带电间隔、误动误碰； 3. 动物伤人； 4. 雷雨天气，接地电阻不合格时巡视； 5. 摔跌、砸伤； 6. 中毒； 7. 缺陷不能及时发现处理； 8. 中暑、冻伤	1. 巡视时戴好安全帽，使用合格的安全工器具；发现缺陷及异常时，应按缺陷管理制度规定执行，不得擅自处理；巡视设备禁止变更检修现场安全措施，禁止改变检修设备状态；进出高压室，必须随手将门锁好； 2. 测温、巡视检查、验收设备时，不得进行其他工作（严禁进行电气工作），不得移开或越过遮栏；必须打开遮拦门检查时，要在工作负责人监护下进行； 3. 尽可能远离狗、蛇等咬伤，以及蜂蜇伤人，佩戴必要的防护用具，做好对应安全措施； 4. 雷雨天气，接地电阻不合格，需要巡视高压室时，应穿绝缘靴，并不得靠近避雷器和避雷针； 5. 夜间测量，照明应充足；郊外检查电缆设备时应注意周围环境；雨雪天及结冰路滑时，应慢行；路滑慢行，遇沟、崖、墙绕行；开、关设备门应小心谨慎，防止过大震动； 6. 进入 SF_6 高压室提前进行通风 15 分钟，或 SF_6 检测信息无异常、含氧量正常； 7. 严格按照巡视路线巡视，不得漏项；发现紧急缺陷及异常时，及时汇报，并采取必要的控制措施； 8. 暑天、大雪天必要时由 2 人进行，且做好防暑、防冻措施

5.19.2　作业流程

配电巡视作业流程如图 5-19 所示。

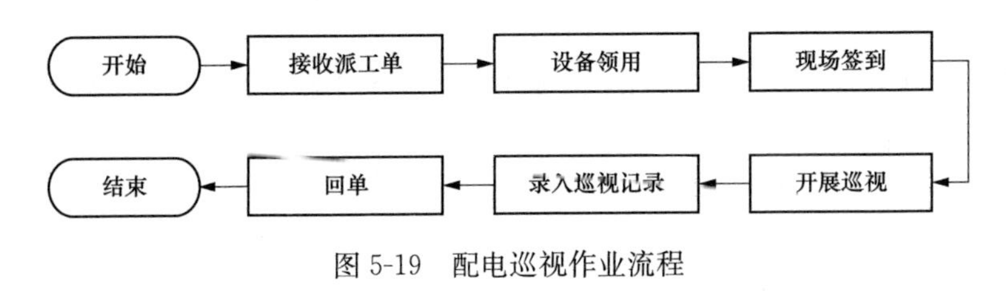

图 5-19　配电巡视作业流程

5.19.3　作业规范

1. 接收派工单

通过移动作业终端签收配电巡视工单。

2. 设备领用

通过门禁识别进入数字库房，领取相应的作业工器具。

3. 现场签到

到达现场后，通过移动作业终端一键上报位置坐标，完成配电巡视现场签到。

4. 开展巡视

针对架空线路、电缆、站所、配电设备开展现场巡视。

（1）架空线路。通道、杆塔和基础、横担、金具、绝缘子、拉线、导线。

（2）电缆线路。通道、电缆管沟、隧道内部、电缆终端头、电缆中间接头、电缆线路本体、电缆分支箱。

（3）站所。开关柜、环网柜、站所类建（构）筑物。

（4）配电设备。断路器、负荷开关、隔离开关、配电变压器、柱上变压器、防雷装置。

5. 录入巡视记录

（1）过程记录。通过移动作业终端对缺陷、隐患部位拍照，在必巡点作业现场进行拍照，实时上传巡视记录和图片等信息，通过移动作业终端扫描设备上的二维码，完成与原有档案的核对、修改。

（2）巡视结果。

1）巡视结果正常，记录完成回单。

2）一般缺陷。根据现场情况，发起相应消缺流程。

3）重大缺陷。上报上级单位。

6. 回单

通过移动作业终端上填写配电巡视工作完成情况，完成回单。

5.20 配电抢修

5.20.1 作业前准备

1. 准备工作安排

根据抢修现场作业类型与风险等级对应关系，确定风险等级，支撑配电消缺工作开展。

2. 准备工作

（1）确定工作负责人。

1）应由有一定工作经验、熟悉本规程、熟悉工作班成员的工作能力、熟悉工作范围内的设备情况，经中心（所、公司）生产领导书面批准的人员担任。

2）按照相关时限要求到达现场。

3）按照配电网应急抢修流程标准进行抢修组织工作。

（2）工作负责人组织现场勘查、隔离故障。

1）应尽快查明故障原因，控制险情、隔离故障现场。

2）做好现场勘查记录。

（3）确定现场抢修方案。

严格执行配电网应急抢修预案。

（4）报告故障情况，提出停电申请。应准确报告故障的区域、范围、现场设备的受损情况，便于当值调度员判断抢修工作及时展开。

（5）准备抢修所需的机具、备品和资料等。当现场的装备、随车配备的工器具及备品材料不能满足抢修需要时，工作负责人应立即通知物资配送中心或配电运检部门备品备件仓库组织调运抢修所需的装备、工器具及材料。

（6）开工前确定现场工器具、线缆、设备等摆放位置。便于施工需要，不妨碍交通。

（7）根据本次作业内容和性质确定好抢修人员，组织学习本指导书。

（8）填写电力事故应急抢修单。

1）事故应急抢修单应填写正确，按《国家电网公司电力安全工作规程（线路部分、变电部分）》执行。

2）若一张电力事故应急抢修单下设多个小组工作，每个小组应指定工作负责人（监护人），使用工作任务单。

3. 工器具与设备

配电抢修工器具与设备见表5-37。

表5-37　配电抢修工器具与设备

序号	名称	单位	数量	备注
1	电力工程车	辆	按需配置	
2	吊车	辆	按需配置	
3	带电作业车	辆	按需配置	
4	发电机	台	按需配置	
5	起重滑车	组	按需配置	
6	应急照明车	辆	按需配置	
7	液压拖车	辆	按需配置	
8	铝合金抱杆	副	按需配置	
9	电焊机	台	按需配置	
10	机动绞磨	台	按需配置	
11	抽水机	台	按需配置	
12	压接钳	把	按需配置	
13	大剪刀	把	按需配置	
14	导线卡线器	只	按需配置	
15	地线卡线器	只	按需配置	
16	气割	套	按需配置	
17	电动压接钳	台	按需配置	

续表

序号	名称	单位	数量	备注
18	手板葫芦	把	按需配置	
19	钢丝绳	根	按需配置	
20	钢丝绳	根	按需配置	
21	个人工具	套	按需配置	
22	绝缘剪刀	把	按需配置	
23	汽油绞磨机	台	按需配置	
24	潜水泵	台	按需配置	
25	手动钢锯	把	按需配置	
26	手动木锯	把	按需配置	
27	登高工具	副	按需配置	
28	令克棒	副	按需配置	
29	接地线	组	按需配置	
30	警示护栏	个	按需配置	
31	警告牌	块	按需配置	
32	智能安全帽	顶	按需配置	
33	验电笔	支	按需配置	
34	验电笔	支	按需配置	
35	安全带	根	按需配置	
36	胶靴	双	按需配置	
37	绝缘绳	根	按需配置	
38	小绳	根	按需配置	
39	绝缘手套	副	按需配置	
40	雨衣	件	按需配置	
41	热成像仪（红外线测温仪）	台	按需配置	
42	移动作业终端（手机）、背夹、蓝牙打印机	套	1	
43	数码相机	只	按需配置	
44	对讲机	台	按需配置	
45	手电筒	只	按需配置	
46	试验变压器	台	按需配置	
47	绝缘电阻表（摇表）表	只	按需配置	
48	双臂电桥	只	按需配置	
49	单臂电桥	只	按需配置	
50	接地绝缘电阻表	只	按需配置	

4. 风险点分析与预防控制措施

配电抢修风险点分析与预防控制措施见表 5-38。

表 5-38　　配电抢修风险点分析与预防控制措施

序号	工作规范和质量要求	风险点与风险描述	预防控制措施
1	1. 工作负责人按照有关规定办理好工作票许可手续，对本班作业人员进行明确分工，在开工前检查确认所有作业人员正确使用劳保、安全防护用品，对该作业所使用的材料、工器具进行清点检查； 2. 专责监护人明确被监护人的工作内容和范围，明确工作地点的带电部位； 3. 作业人员在工作负责人带领下进入抢修现场，由工作负责人向所有作业人员详细交代抢修任务、安全措施和安全注意事项，全体作业人员应明确作业范围、进度要求等内容，在到位人员签字栏上分别签名，安全互保的人员相互之间确定互保关系，完成签字； 4. 测量工、起重工、焊接工、压接工、电气试验工检查相关仪器仪表设备是否齐全，能否正常使用； 5. 辅助（外来）人员应检查个人安全工器具，明确工作内容	1. 不验电就挂地线； 2. 使用不合格的验电器； 3. 作业现场情况核查得不全面、不准确； 4. 工作票未带到现场、工作任务和安全措施不清、盲目工作； 5. 工作负责人（监护人）参与作业违反工作监护制度； 6. 违反现场作业纪律； 7. 穿越临时遮栏； 8. 办理工作终结手续后又到设备上作业	1. 布置作业前，必须核对图纸，勘察现场，查明可能向作业地点反送电的所有电源，断开其断路器、隔离开关； 2. 对设备缺陷的处理工作必须在工作前将缺陷发生的原因、处理方式以及处理工作时对现场条件的要求，工作中的安全注意事项等核查清楚。 1）严格遵守规章制度，严格执行工作许可制度，严格执行开收工会制度，杜绝违章； 2）工作票和任务单必须保存在工作地点； 3. 工作负责人（监护人）只有在全部停电或部分停电，安全措施可靠，人员集中在一个工作地点，不致误碰导电部分的情况下，方可参加工作； 4. 专职监护人不得兼做其他工作； 5. 工作负责人应及时提醒和制止影响工作的不安全行为； 6. 工作负责人应注意观察工作班成员的精神和身体状态，必要时可对作业人员进行适当的调整； 7. 严禁酒后工作，工作中严禁打闹、嬉戏； 8. 临时遮栏的装设需在保证作业人员不能误登带电设备的前提下，方便作业人员进出现场和实施作业； 9. 严禁穿越和擅自移动临时遮栏； 10. 全部工作完毕，办理工作终结手续前，工作负责人应对全部工作现场进行周密的检查，确保无遗留问题； 11. 坚持执行“三级验收制”； 12. 办理工作终结手续后，检修人员严禁再触及设备，全部撤离现场； 13. 在监护人监护下验电； 14. 工器具试验合格，与线路电压等级相符
2	规定了电源接取的位置、接取电源的注意事项和对导线的要求等内容	接、拆低压电源不规范	1. 使用电源应装有漏电保护器。电动工具外壳应可靠接地； 2. 螺丝刀等工具金属裸露部分，除刀口外包绝缘； 3. 接拆电源时至少有两人执行，必须在电源开关拉开的情况下进行； 4. 临时电源必须使用专用电源，禁止从运行设备上取得电源； 5. 严禁带电拆、接电源接头

续表

序号	工作规范和质量要求	风险点与风险描述	预防控制措施
3	1. 按检修规程对受损线路、站所及附属设施进行检查； 2. 根据检修规程拆除受损线路、站所及附属设施的一、二次引线及接地引线等	1. 高空落物； 2. 倒杆、断杆； 3. 高空坠落	1. 不得借助安全情况不明的物体或徒手攀登杆塔； 2. 检查杆根、脚钉、爬梯、拉线应牢固可靠；检查登杆工具、安全带应安全完好；梯子（有防滑措施）摆放角度得当，使用时有人扶持； 3. 杆塔上作业人员应系好安全带，戴好智能安全帽；安全带应高挂低用系在杆塔或牢固的构件上，扣牢扣环；杆塔上作业转移时，不得失去安全保护；现场地面工作人员均应戴好智能安全帽； 4. 作业现场设置围栏对外悬挂警告标志，设置明显的遮栏、警告标志等； 5. 工具材料下上传递用绳索，扣牢绳结；杆塔上拆装中的构件和摆放的物件要防止滑落；使用滑轮起吊物件，防止滑轮盖板脱落； 6. 导线修补时选择合适的压接地点，尽量避开在杆塔下方作业； 7. 起吊前，对吊车或起重机械进行检查，确保性能良好；钢丝绳、千斤、拉绳、地锚等应有足够的抗拉强度；吊车支脚或扒杆脚应撑在硬实的地面上，遇到土质松软加垫承力物；扒杆吊点应垂直于杆洞，吊车的臂头吊点与电杆吊点保持垂直；系好临时拉绳控制电杆移动方向；起吊时统一指挥、统一信号；杆高 1.2 倍范围内不得有人逗留；电杆离地后检查各点受力，确无问题方能继续起立；起吊中保持电杆平衡移动和上升，避免冲击力； 8. 电杆回土夯实后才能攀登；拔电杆前应松动四周回填物，减小上拔阻力；拔杆时的吊点应系在杆身适当位置，防止杆子上重下轻；系好临时小绳控制电杆下落位置；拔杆时不准超过起重机械负荷或电杆受力强度作业； 9. 安全情况不明时严禁冒险蛮干
4	根据 DL/T 393—2021《输变电设备状态检修试验规程》要求，抢修设施设备试验标准不低于预防性试验规定值要求	接、拆低压电源不规范	1. 使用电源应装有漏电保护器，电动工具外壳应可靠接地； 2. 螺丝刀等工具金属裸露部分，除刀口外包绝缘； 3. 接拆电源时至少有两人执行，必须在电源开关拉开的情况下进行； 4. 临时电源必须使用专用电源，禁止从运行设备上取得电源； 5. 严禁带电拆、接电源接头

续表

序号	工作规范和质量要求	风险点与风险描述	预防控制措施
5	按检修规程和抢修先后步骤恢复所涉线路、设备及附属设施的一、二次接线等	1. 工器具失灵； 2. 压接机具意外伤害	1. 选用的工器具应合格、可靠； 2. 按规范正确合理操作
6	质量检查按自验收卡执行	跌落电缆沟、撞到分支箱	1. 在电缆沟边时要站稳，防止滑落电缆沟； 2. 施工现场周围要设围栏，设专人监护； 3. 使用钳形电流表前应进行通电检测； 4. 仓内施工当心头碰伤

5.20.2　作业流程

配电抢修作业流程如图5-20所示。

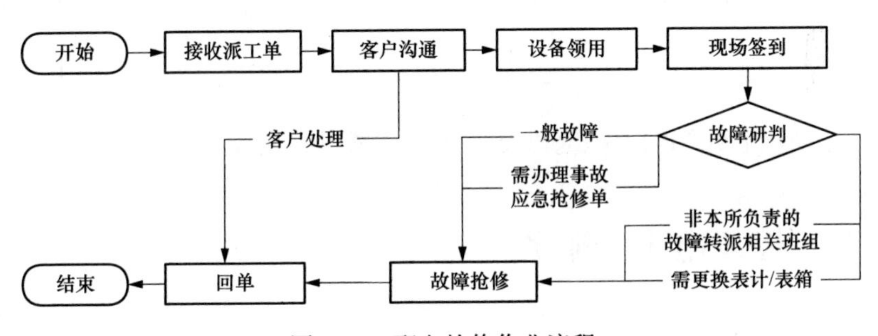

图5-20　配电抢修作业流程

5.20.3　作业规范

1. 接收派工单

通过移动作业终端签收配电抢修工单。

2. 客户沟通

依托数字化供电所全业务平台和移动作业终端初步研判故障影响范围，实现停电通知的一键提醒。查看停电区域内敏感客户清单，进行精准电话沟通。

3. 设备领用

通过门禁识别进入数字库房，领取相应的作业工器具。

4. 现场签到

到达现场后，通过移动作业终端一键完成现场签到。

5. 故障研判

对故障原因做研判分析，通过移动作业终端上报故障原因、故障类型和预计送电时间。

6. 故障抢修

对于换空气断路器、导线的简单修复等一般故障，处理完成即可回单。如需更换表计或计量箱，发起表计或计量箱装拆流程。对于配变故障，导线、断杆等大事故，发起事故应急抢修流程。对于非本供电所负责的故障，需联系相关班组转派抢修。

7. 回单

通过移动作业终端填写配电抢修工作完成情况，完成回单。

5.21 停复电主动服务

5.21.1 作业流程

停复电主动服务作业流程如图 5-21 所示。

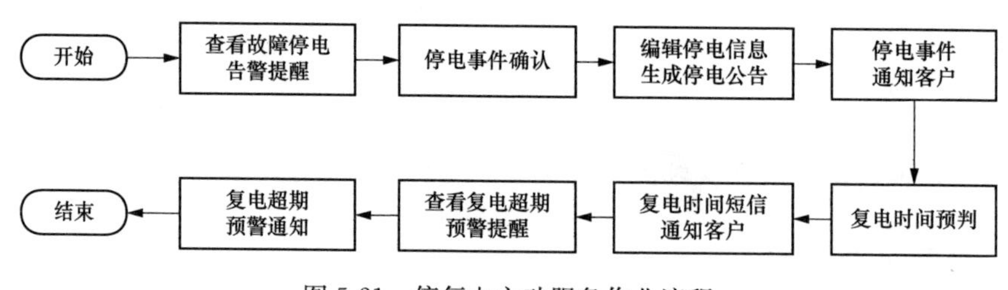

图 5-21 停复电主动服务作业流程

5.21.2 作业规范

1. 查看故障停电告警提醒

通过移动作业终端查看故障停电告警提醒信息。

2. 停电事件确认

通过移动作业终端对停电区域的采集设备信息实时召测，根据召测结果，对停电事件进行研判，确认停电则发起主动抢修流程。

3. 编辑停电信息生成停电公告

通过移动作业终端编辑停电公告信息，一键生成停电公告。

4. 停电事件通知客户

通过移动作业终端对停电影响范围内客户发送停电通知短信。对于重要客户进行精准电话告知。

5. 复电时间预判

根据现场故障发生原因，对复电时间进行研判预估。

6. 复电时间短信通知客户

通过移动作业终端对停电影响范围内的客户发送复电通知短信。

7. 查看复电超期预警提醒

通过移动作业终端查看复电超期预警提醒信息。

8. 复电超期预警通知

通过移动作业终端对停电影响范围内的客户发送复电超期预警通知短信。对于重要客户进行精准电话告知。

附录 A　供电所数智作业推荐配置标准

依据供电所外勤作业要求，建议 2 人为最小作业单元配置数智装备，推荐配置标准见表 A-1。

表 A-1　外勤作业推荐配置标准

序号	名称	单位	数量	备注
1	手机＋背夹	套	1	
2	蓝牙打印机	个	1	
3	智能安全帽	顶	2	
4	供电服务记录仪	个	1	
5	智能周转柜	套	1	按供电所业务量配置
6	数字库房	座	1	每个供电所配置 1 个

附录 B　供电所指标体系参考明细

供电所指标体系参考明细见表 B-1。

表 B-1　供电所指标体系参考明细

序号	指标类	时效性要求	数据来源系统	描述
1	营销业务—发行电量电费	月	营销业务应用系统	当月发行电费，可按照居民、非居民、专用变压器等类别统计
2	营销业务—实收电费	实时	营销业务应用系统	当月累计回收电费，可展示不同渠道回收金额
3	营销业务—电费回收率	实时	营销业务应用系统	当月累计回收电费金额/当月发行电费金额
4	营销业务—光伏发电上网电量	月	用电信息采集系统	日、周、月、年周期展示光伏用户发电上网电量，可展示光伏用户明细
5	营销业务—采集率	T-1	用电信息采集系统	表计采集成功率，可展示未抄通表计明细，包括户名、户号、所属台区、表计编码等
6	营销业务—覆盖率	T-1	用电信息采集系统	表计覆盖率，可展示未实现覆盖表计明细，包括户名、户号、所属台区、表计编码等
7	营销业务—费控成功率	实时	用电信息采集系统	自动停复电失败表计占比，可展示失败表计明细，包括户名、户号、所属台区、表计编码等
8	营销业务—台区线损率	T-1/T-2	用电信息采集系统	展示 T-1/T-2 综合台区线损，可展示高损、负损台区数量，台区供售电量明细等
9	供电服务—万户投诉率	实时	供电服务指挥系统	日、月、年周期展示辖区平均每万户发生投诉占比，可展示服务详情信息

续表

序号	指标类	时效性要求	数据来源系统	描述
10	供电服务—百户意见率	实时	供电服务指挥系统	日、月、年周期展示辖区平均每百户发生意见占比，可展示服务详情信息
11	供电服务—服务时限达标率	实时	供电服务指挥系统	展示业扩新装、变更流程，服务、抢修类工单等时限达标数量占比
12	供电服务—回访客户量	实时	供电服务指挥系统	日、月、年周期展示累计回访客户数量
13	供电服务—回访满意率	实时	供电服务指挥系统	日、月、年周期展示回访满意度占比
14	配电网运行—供电可靠性	月	PMS 系统	月、年周期展示供电可靠性指标
15	配电网运行—频繁停电	实时	PMS 系统	月、年周期展示累计 2 个月内出现 3 次繁停电数量，可展示停电明细，包括线路编号、台区名称编号、停电时长、影响用户数等
16	配电网运行—台区重载	实时	PMS 系统	展示台区重载数量，包括台区名称、台区编号、负荷、电压、电流等
17	配电网运行—台区低电压	实时	PMS 系统	展示台区低电压数量，包括台区名称、台区编号、负荷、电压、电流等
18	配电网运行—台区三相不平衡	实时	PMS 系统	展示台区三相不平衡数量，包括台区名称、台区编号、负荷、电压、电流等
19	综合排名	月	综合评价	按月展示供电所省、市、县排名，可展示各项指标得分情况

扫码观看

供电所数智作业典型场景演示